U0155728

轻松上手AIGC

如何更好地向 ChatGPT提问

谢孟谚 —— 著

红旗出版社

图书在版编目（CIP）数据

轻松上手 AIGC：如何更好地向 ChatGPT 提问 / 谢孟
谚著 . -- 北京：红旗出版社，2024.6
　　ISBN 978-7-5051-5414-8

　　Ⅰ . ①轻… Ⅱ . ①谢… Ⅲ . ①人工智能 Ⅳ .
① TP18

中国国家版本馆 CIP 数据核字（2024）第 075498 号

书　　名　轻松上手 AIGC：如何更好地向 ChatGPT 提问
著　　者　谢孟谚（Mr.GO GO）

责任编辑　杨　迪　　　　　　　　责任印务　金　硕
责任校对　吴琴峰　　　　　　　　装帧设计　袁　园
出版发行　红旗出版社
地　　址　北京市沙滩北街2号
　　　　　杭州市体育场路178号　　邮政编码　100727
　　　　　　　　　　　　　　　　邮政编码　310039
编 辑 部　0571-85310467　　　　发 行 部　0571-85311330
E － mail　359489398@qq.com
法律顾问　北京盈科（杭州）律师事务所　钱 航 董 晓
图文排版　浙江新华图文制作有限公司
印　　刷　杭州钱江彩色印务有限公司
开　　本　880 毫米 ×1230 毫米　　1/32
字　　数　157 千字
版　　次　2024 年 6 月第 1 版　　　印　　张　6.75
ISBN 978-7-5051-5414-8　　　　　印　　次　2024 年 6 月第 1 次印刷
　　　　　　　　　　　　　　　　定　　价　62.00 元

本著作通过四川一览文化传播广告有限公司代理，由台湾广厦有声图书有限公司授权
出版中文简体字版，非经书面同意，不得以任何形式任意重制、转载。

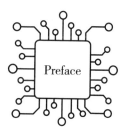

前言

有人认为 AI 时代来临后，电影《终结者》的剧情会上演，未来 AI 将控制世界，因此担心与害怕，不敢使用 AI。

对此，我们可以设想两种情境。第一种情境：有一面时空镜，它告诉我们，50 年后的地球，AI 将控制世界，人类将沦为最低等的生物，每天过着暗无天日的生活，时空镜说这是不可逆、一定会发生的结果。

请问知道这个未来的你，会怎么度过自己的人生？当然有些人会消极度日，不愿意面对，但是积极的人会怎么做？他们会想毕竟还有 50 年的时间，如果现在开始拥抱 AI 带来的便利，就算改变不了 AI 控制世界的结局，也至少享受了50年的便利。

再来看看第二种情境：有一面时空镜，它告诉我们50年后的地球是美好的 AI 世界，AI 带给人类无穷的便利，于是人类不再害怕疾病与战争，这也是不可逆、一定会发生的结果。

请问知道这个未来的你，会怎么度过自己的人生？我相信不论消极还是积极的人，都会开始拥抱 AI 带来的便利。

现实世界没有时空镜，但那些担心 AI 时代来临后，AI 将控制世界，因此排斥使用 AI 的人，不论未来是好是坏都只有一个选择——沦为最低等的生物。因为不论世界是美好还是崩坏，别人一直都在进步，躲在角落不肯出来的人终将成为井底之蛙。

2023 年是 AI 普及的元年，很多 AI 功能已经简单到点一点即可使用。为了帮助广大拥抱 AI 的读者更好地利用 AI 休闲与提高工作效率，本书搜罗众多 AI 应用，并设计情境与教学。

本书作为一本实用性工具书，专注于可以让生活变得更好的 AI 应用，帮助每一个人利用 AI 改善学业、适应职场、享受生活。我诚挚地把这本书推荐给大家。

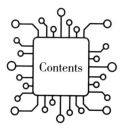

Contents

目录

一、热身篇

单元 1

普通人也看得懂的人工智能、机器学习、深度学习

人工智能［Artificial Intelligence（AI）］顾名思义是指由人造机器表现出来的智能，简单来说是利用计算机模拟人的思维，进而模仿人类的行为与能力。早期的人工智能因为计算机效能的限制，无法被应用于解决现实生活中的问题，所以，大众虽然一直听到 AI 相关研究在不断发展进步，但始终觉得这似乎与自己无关。

直到谷歌旗下的公司"深度思维"（DeepMind）开发的人工智能围棋软件 AlphaGo 击败了人类顶尖棋手，AI 才渐渐广为人知。当时 AlphaGo 的成功，使许多人开始觉得 AI 离生活越来越近，再加上 AI 这个话题不断被炒作，人们产生了 AI 什么都能做的错觉。当时网络上开始流传计算机很快就会像电影《终结者》一样拥有超高智慧，控制世界并把人类灭绝。但在我看来，光是让计算机辨识各式各样的杯子就很困

难了，如果计算机要像电影里一样懂得思考并控制人类，暂且不说能否实现，但至少还需要非常长的时间。将电影中的剧情当作一种娱乐就好了，不要自己吓唬自己。

接下来，我将用最浅显的文字让你搞懂人工智能、机器学习与深度学习。

人工智能、机器学习、深度学习的历程

人工智能包含了机器学习，机器学习包含了深度学习，其中人工智能出现的时间最早，如图1-1-1所示。

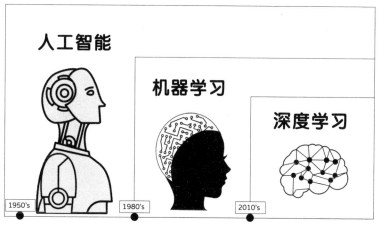

图1-1-1

从图中可以看到，人工智能是一个很大的集合，机器学习只是其中的一个集合，而在几年前很热门的深度学习也只是机器学习中的一个小集合。

人工智能、机器学习、深度学习的定义

对于以上三个概念的定义，维基百科是这么说的：

人工智能

人工智能可以分为两部分，即"人工"和"智能"。"人工"即由人设计，被人创造、制造。关于什么是"智能"，存在较多争议。这涉及其他诸如意识、自我、心灵，包括无意识的精神等问题。人唯一了解的智能是人本身的智能，这是被普遍认同的观点。但是我们对自身智能的理解都非常有限，对构成人的智能的必要元素也了解得很少，所以就很难定义什么是"人工"制造的"智能"。因此，人工智能的研究往往涉及对人类智能本身的研究。

机器学习

机器学习是人工智能的一个分支。人工智能的研究历史有着一条从以"推理"为重点，到以"知识"为重点，再到以"学习"为重点的脉络。显然，机器学习是实现人工智能的途径之一，即以机器学习为手段，解决人工智能中的部分问题。

深度学习

深度学习是人工智能中的一种方法，可指导计算机以受人脑启发的方式来处理资料。深度学习模型是一种可识别图片、文字、声音和其他资料的复杂模式，借此产生更准确的洞察和预测。可以用深度学习的方法将通常需要人类智慧的任务自动化，例如描述影像或将声音档案转录为文字。

我们可以将以上定义再进行简化。

• 人工智能：计算机模仿人类思考进而模拟人类的行为与能力。

• 机器学习：从资料中学习的模型架构。

• 深度学习：利用多层的非线性学习资料表征。

如果我再把它们解释得简单通俗一些，则可以定义为：人工智能就是模拟人脑要做的事；机器学习与深度学习就是处理资料分析的方法，让计算机学习如何模拟人类思维。

机器学习与深度学习的差别

了解定义后，我会用如何判断猫和狗作为例子，来说明机器学习与深度学习的差别。

机器学习

先将所有猫和狗的资料经由人类知识进行判断，再从资料中提取一些特征资料，比如猫或狗的形状、身上的纹路、声音分类等。接着提取资料中的学习模型，然后 AI 用这些学习模型去判断猫和狗。如图1-1-2所示。

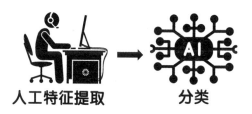

图1-1-2

深度学习

　　不需要经过人类知识进行特征提取，AI 的多层结构神经网络会自行从大量的资料中提取特征资料。所以猫和狗的特征差异是模型自行从你给的资料里学习提取的。如图1-1-3所示。

特征提取+分类

图1-1-3

　　问你一个问题，如果机器学习或深度学习模型建立好了，接着将一张鸡的照片放进去，你觉得机器学习或深度学习模型会将它判断成什么？AI 会认为这是鸡吗？

　　答案是：AI 会判断为猫或狗，绝对不会是鸡，因为在建立模型的时候从来没有给过它鸡的照片，也没有跟模型说什么是鸡。所以机器学习或深度学习给的答案，是根据模型建立者给的答案和类别来的，如果从来没跟模型说过这是鸡，那绝对不会得到鸡这个答案。

　　看了以上的介绍，再回到击败人类顶尖棋手的 AlphaGo，你还觉得它会变得像"终结者"一样懂思考并控制人类吗？我相信目前绝对不会。如果给 AlphaGo 下棋以外的信息，即使它没死机，也只能以棋谱回应吧。

单元 2
ChatGPT：最贴近人的人工智能？

前一个单元我们了解了什么是 AI，而 AI 的类型五花八门，例如：AI 聊天机器人能快速地了解顾客的问题，并提供更有效的答案；AI 运用从大规模自由文本资料组中分析出的关键信息，改善行程计划；AI 推荐引擎可以根据使用者的浏览习惯，自动推荐与使用者相关或使用者可能感兴趣的信息。

虽然人工智能总让人联想到控制世界，但人工智能的出现并不是为了取代人类，AI 的重点在于超级思维与数据分析的过程和能力，AI 的目的是辅助人类，并为世界作出贡献，因此 AI 是非常有价值的商业资产。

在2022年年末，OpenAI 发布了 ChatGPT 聊天机器人后，这个词瞬间火遍了全世界，大家都在讲 ChatGPT 要取代人类，将让很多人失业。但你可能还没搞懂 ChatGPT 是什么、怎么用。这本书就是希望能够用最通俗易懂的方式，用不带任何复杂技术词汇的方式告诉你什么是 ChatGPT 以及其他 AI 相关软件技术，并让你明白如何利用它们帮你改善生活。

ChatGPT 是什么？

ChatGPT 是一个语言生成模型，它拥有理解及回答人类语言提问的能力，原理是通过"自然语言处理"（NLP）和"自然语言生成"（NLG）技术进行人机交互，从而生成相应的语言回答。

ChatGPT 就像人类一样，可以进行日常对答，不仅能回答问题，还会承认错误并质疑不正确的先决条件，拒绝不合理的要求，和它对话与一个有血有肉的真人对谈无根本差异。

小辞典

自然语言处理（NLP）

　　一种机器学习技术，让计算机能够解译及理解人类语言。现今许多组织拥有来自各种信息渠道的大量语音和文字资料，如电子邮件、短信、社交媒体新闻摘要、影片、音频等。他们使用NLP软件自动处理这些资料，分析信息中的意图或情绪，并实时回应人类信息。

自然语言生成（NLG）

　　是自然语言处理的一部分，从知识库或逻辑形式等机器表述系统生成自然语言。这种表述形式作为心理表述的模型时，心理语言学家会选用语言产出这个术语。自然语言生成系统可以说是一种将资料转换成自然语言表述的翻译器。

ChatGPT 的原理是什么？

　　ChatGPT 的原理具体来说，就是使用了一种被称为"Transformer"的模型架构，这种模型能够从大量文本数据中学习语言的结构、语法、词汇等知识，进而生成自然流畅、有逻辑的回答。

　　为了训练 ChatGPT，OpenAI 使用了庞大的文本数据库，包括网页内容、书籍、新闻文章等。这些数据经过处理与清洗后，通过大量的运算资源和分布式训练技术，让 ChatGPT

从中学习到大量的知识，通过这种方式，ChatGPT 成了一个强大的自然语言处理模型，能够完成语言理解、回答问题、生成对话等多种任务。

小辞典

Transformer

　　是一种使用注意力机制（Attention Mechanism）的深度学习模型，主要用于处理序列型数据，如自然语言中的词语序列。该模型最初由谷歌团队提出，并在机器翻译、语言理解、生成对话等自然语言处理任务中取得了显著成效。

数据处理与清洗

　　是指对原始数据进行预处理，以便机器学习模型能够更快地学习和理解数据。在 ChatGPT 训练过程中，数据的处理和清洗是非常关键的一步。

　　以下是数据处理和清洗的一些常见步骤。

分词（Tokenization）

　　将文本转换成一系列的词汇或符号，作为模型输入。常见的分词方法包括基于空格、标点符号、字母等。

去除停用词（Stop Words Removal）

　　去除一些常见的、无意义的词汇，如"的、了、是"等，以减少模型对这些词汇的学习。

词干提取（Stemming）或词形还原（Lemmatization）

将词汇转换成其基本形式，以减少模型需要学习的词汇量。

数据清理

去除无意义的字符或标记，如 HTML 标签、特殊符号等。

数据标注

对文本进行标记，如词性标注、命名实体识别等。

ChatGPT 的语言生成模型

将 "I'm hungry." 发送给 ChatGPT 模型，模型会按如下方式生成信息：肚（子、皮、围⋯⋯）。模型会结合历史信息生成文字，像文字接龙般产生肚子或肚皮等词汇。但光靠学习文字接龙，ChatGPT 仍不知道该如何给出有用的回答，因此需要靠人类给 ChatGPT 一些问题，并人工写出答案，接着再把资料一并丢给 ChatGPT，借此引导 ChatGPT 去看类似人工问题的文句，而不是只吸收无法成为有效输出的信息。

ChatGPT 模仿人类喜好

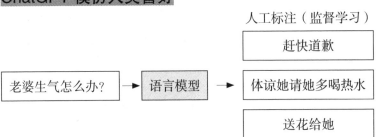

为了进一步让 ChatGPT 了解哪些文句是好答案，此时须借助"语言模型"，此模型能以人类的评分标准为 ChatGPT 给出的答案评分，帮助 ChatGPT 模仿人类的偏好。

举例来说，如果向 ChatGPT 提问"老婆生气怎么办"之后，我们通过人工标注给出人类的喜好，例如赶快道歉、送花给她……这样当问题再次出现时，语言模型就会知道要跟什么信息靠近，这也是 ChatGPT 会受欢迎的原因之一，因为它给的答案模仿了人类喜好。

以下是我向 ChatGPT 提问收到的回答。

我问：ChatGPT 有使用强化学习技术（人工评分）进行训练吗？

ChatGPT 答：
ChatGPT 模型本身并没有使用强化学习技术进行训练。ChatGPT 模型是一种基于自我监督学习的语言模型，它通过大量的文本资料来自我学习和训练，预测给定上下文的下一个词语。

然而，在一些场景中，如与人类进行对话的过程中，ChatGPT 可以被视为一个智慧体，它能接受人类的输入并生成相应的回复。在这种情况下，强化学习技术可以被应用于优化 ChatGPT 的回复，使其能够更准确地与人类进行交互。

例如，可以将 ChatGPT 视为一个对话代理，它的任务是根据人类使用者的输入来生成回复，并在每个时间点上获得奖励信号，判断它的回复是否满足了用户的需求。使用强化学习技术可以优化 ChatGPT，使其在与用户交互的过程中能够生成更自然、流畅和满足用户需求的回复。

值得注意的是，ChatGPT 无法每次都给出正确答案，ChatGPT 只是善于模仿人类语言，能让答案听起来准确，但这未必代表 ChatGPT 对真实世界有所理解，所以，每个使用 AI 技术的人都有检查的责任，这也是对道德与科技进步的尊重。就像你是一位大厨，聘请一位二厨（ChatGPT）来帮忙，大厨有责任监督二厨产出的成果，总不能让二厨随意出餐，这样还要大厨做什么？

所以 ChatGPT 是全能的神吗？不是的，但它是辅助我们工作或生活的好帮手、好工具。这么好的东西，当然要拥抱它，尽可能地使用它！

二、学业篇

单元 1
用 ChatGPT 写一篇读书心得

单元 2
用 ChatGPT 制作 PowerPoint 幻灯片

单元 3
让 ChatGPT 免费当你的 Excel 老师

单元4
用 AI 练习英文口语与听力

单元5
ChatGPT 协助老师完成教案与考卷

单元 1

用 ChatGPT 写一篇读书心得

使用工具：

ChatGPT、Word

为什么要学：

在我的观念里，"快速完成任务"是工作中一个很重要的指标，所以如果有工具可以帮助我快速完成一项工作，我一定马上使用它。但是我知道你在犹豫什么，在我的自媒体频道"无远弗届教学教室"里，常有人留言："利用 AI 写报告会让人智商下降。"但真的是这样吗？以下我将比较各时代写报告的方式来说明。

手写报告时代

请问没有计算机的时代，写报告要怎么找资料呢？当然是去图书馆找书，然后抄写下来成为一篇报告。你的动作是：先找书再写下资料。请问书里面内容的真伪你能知道吗？你能做的只有多找几本书相互比较查证。

搜索引擎时代

再请问身处计算机时代的你，报告是怎么写的呢？首先，从搜索引擎搜寻资料；然后，复制粘贴。请问资料的真伪你能知道吗？你能做的就是拿书与网络上的资料交叉比对，判断真伪。请问你的智商比起手写报告时代变低了吗？

人工智能时代

请问身处这个时代的你，要怎么写报告呢？首先，打开人工智能软件，请它搜索资料与撰写想法；然后，复制粘贴。资料真伪要如何判读？可以翻书，或使用搜索引擎在网络上交叉比对，也可请人工智能与百度百科等知识网站再次比对。工具变多，正确性更高，况且这些工具即将普及，这个时代的人怎么会因此智商下降呢？

所以无论身处在哪个时代，都没有智商下降的人，人类都是越来越优秀的，只有不肯思考与学习的人。劣币将被驱逐，有心的人将会崛起。本书倡导的是超越，不是模仿，人工智能时代将是人人都有机会的时代。

用 ChatGPT 写一篇关于 Steve Jobs（史蒂夫·乔布斯）的报告

首先这是报告，而不是写一篇苹果公司前 CEO Steve Jobs 的自传，所以要挑出一个角度来当主题，我会这么使用 ChatGPT：

Step1
我问： 针对 Steve Jobs 写一篇文章，给我5个角度。

ChatGPT 答：

Steve Jobs 是一位具有传奇色彩的创业家和领袖，他领导苹果公司从一家小型计算机公司发展成为全球知名的科技巨头。以下是5个可以写作文章的角度：

1. Steve Jobs 的领导风格：探讨 Steve Jobs 的领导风格，以及他如何通过独特的方法启发他的团队，让他们为实现苹果公司的愿景而全力以赴。

2. Steve Jobs 的产品创新：探讨 Steve Jobs 如何将创新应用于产品设计中，以创造一系列独特、引人入胜且功能强大的产品，如 iPod、iPhone 和 iPad 等。

3. Steve Jobs 对科技行业的影响：探讨 Steve Jobs 如何通过苹果公司的产品和策略，对现代科技产业产生了巨大的影响，并引领了行业的发展方向。

4. Steve Jobs 的成功秘诀：探讨 Steve Jobs 如何通过坚定的决心、独特的洞察力和无限的创意，实现了在商业和创新领域的成功。

5. Steve Jobs 的失败和教训：探讨 Steve Jobs 在商业和创新领域所犯的错误和遭受的失败，以及从这些错误中获得的教训和启示，以帮助其他企业家和创新者避免类似的问题。

Step2
我问：请为上述第 2 点写一篇带标题的论文大纲。

ChatGPT 答：

说到 Steve Jobs，他的产品创新可能是最令人印象深刻的。iPod、iPhone、iPad 等产品塑造了现代科技行业的样貌。本论文将探讨 Steve Jobs 如何通过创新的产品设计，让苹果公司成为全球知名的科技巨头。具体而言，本论文将关注以下主题：

1. Steve Jobs 的产品创新

　　A. 设计理念：探讨 Steve Jobs 如何运用简洁、易用和美学的设计理念，创造出独特、引人入胜且功能强大的产品。

　　B. 产品创新：探讨 Steve Jobs 如何通过对市场需求的敏锐洞察力和对技术的深入了解，将创新应用于产品设计中，创造出 iPod、iPhone 和 iPad 等具有革命性的产品。

　　C. 产品开发流程：探讨 Steve Jobs 如何将产品开发流程简化，让团队成员能够更快速地将产品推向市场，并确保产品质量。

2. Steve Jobs 的产品影响

　　A. 产品市场的影响：探讨 Steve Jobs 的产品如何通过不断的创新和升级，成为科技产业的一个重要组成部分，并改变了人们使用科技产品的方式。

　　B. 产品对苹果公司的影响：探讨 Steve Jobs 的产品如何帮助苹果公司实现商业成功，成为全球最具价值的品牌之一。

3. 结论

　　本论文将通过对 Steve Jobs 的产品创新的探讨，展现他的设计理念、创新和领导能力，并通过这些分析，探讨他是如何对现代科技产业产生深远的影响的。

Step3
我问：为上述每一点写一个段落，解释其具体内容。

ChatGPT 答：

1. Steve Jobs 的产品创新

　　Steve Jobs 被认为是现代科技产业最杰出的设计师之一，他的产品创新是他独特的设计理念和对市场需求的敏锐洞察力的结合。在设计方面，Jobs 崇尚简洁、易用和美学，他相信一个产品的设计应该是功能强大、外观美观，且易于使用的。因此，他注重细节，将这些理念贯彻到产品设计的每一个方面，从产品的外观到用户界面。在产品创新方面，Jobs 不断地将创新应用于产品开发中，将科技和人性化设计融合在一起，创造出 iPod、iPhone 和 iPad 等具有革命性的产品。他的敏锐洞察力使他能够洞悉市场趋势，了解消费者的需求，并将这些需求转化为产品功能和设计的革新。

2. Steve Jobs 的产品影响

　　Steve Jobs 的产品不仅改变了人们使用科技产品的方式，还帮助苹果公司实现商业成功，成为全球最具价值的品牌之一。在产品市场方面，iPod、iPhone 和 iPad 等产品对科技产业产生了深远的影响。这些产品不仅开创了新市场，还迅速成为行业标杆，使其他科技公司也开始跟进和模仿。在苹果公司方面，这些产品帮助该公司在商业上获得了极大的成功。苹果公司的市值在这些产品推出后大幅提高，成为全球市值最高的公司之一。这些产品也为苹果公司的整体策略和品牌形象打下了基础。

3. 结论

Steve Jobs 的产品创新对现代科技产业产生了深远的影响。他的设计理念、创新和领导能力使他能够创造出独特且具有革命性的产品。他的产品改变了人们使用科技产品的方式，同时帮助苹果公司实现商业成功，成为全球最具价值的品牌之一。

接着将每一段内容复制到你的文档处理软件里，再自行排版一下即可完成。如果只是交一个简单的作业，写到这里其实就算完成了。虽然这篇文章看起来好像有模有样，但其实并没有真正的报告或论文里该有的独特观点，懂的人都看得出这是没有灵魂的内容，不过绝对可以省下许多创作内容的时间，省下的时间就可以花在为报告注入灵魂上面了。

提示词分享：

> 1. 针对"你的主题"写一篇文章，给我 5 个角度。
> 2. 请为上述"想要的角度"写一篇带标题的论文大纲。
> 3. 将上述每一点，写一个段落，并且解释其具体内容。

看了我的提问过程，你可能会尝试出更好的提示词，那就不要只是单纯模仿，试着超越吧。

单元 2

用 ChatGPT 制作 PowerPoint 幻灯片

使用工具：

ChatGPT、PowerPoint

为什么要学：

　　幻灯片与报告是截然不同的，但我看过好多幻灯片制作都是在找到资料后，直接粘贴到幻灯片上。这是非常糟糕的做法，但我也能理解为什么会这么做，因为资料都是搜寻来的，网页上几乎都是文字，所以也只能复制粘贴。但有了 ChatGPT 就不用这么麻烦了，让我来教你如何使用 ChatGPT 快速创建你的专业幻灯片吧。

用 ChatGPT 写一篇关于乾隆皇帝的 PPT 简报

Step1

我问：我是一个学生，要制作一份关于清朝乾隆皇帝的PPT，PPT 需要以下内容：1. 简报前开场白；2. 乾隆的生平；3. 乾隆的趣事；4. 乾隆的历史贡献。

ChatGPT 答：

1. 简报前开场白：大家好，我今天的报告主题是关于清朝乾隆皇帝的历史。乾隆是清朝最长寿的皇帝之一，他在位期间，国家繁荣昌盛，他也有很多有趣的故事和重要的历史贡献。希望我的报告能够为大家带来有趣的知识和启发。

2. 乾隆的生平：乾隆皇帝（1711—1799），是清朝的第 6 位皇帝，在位长达 60 年之久，是清朝历史上在位时间最长的皇帝。他在位期间，国家政治稳定，社会经济繁荣，对于科学技术、文化艺术和外交往来都有很多成就和贡献。

3. 乾隆的趣事：乾隆皇帝不仅有着卓越的政治成就，还有许多趣闻逸事，例如他热衷于书法、收藏、游猎和吃喝等。他的收藏品特别有名，他曾经收集了许多珍贵的艺术品和文物，其中包括了很多珍稀的瓷器、绘画、铜器、玉器等。

4. 乾隆的历史贡献：乾隆皇帝的历史贡献非常多，他推行了许多有益于国家发展的政策和措施，例如打击腐败、节约开支、发展经济等。他还积极推动科学技术的发展和文化艺术的繁荣，支持书院和考试制度，也提倡学习西方的文化和科技。此外，他还积极参与外交往来，扩大中国的国际影响力，并且在他的治理下，中国的版图也不断扩大。

Step2
我问：我要上述 4 点的大纲。

ChatGPT答：
1. 简报前开场白：
· 介绍报告主题和乾隆皇帝的基本背景
· 引入报告，激发观众的兴趣和期待
2. 乾隆的生平：
· 乾隆的早期经历和即位过程
· 乾隆的治理理念和政策
· 乾隆的对外政策和外交成就
· 乾隆晚年的生活和退位禅让
3. 乾隆的趣事：
· 和乾隆有关的书法艺术和收藏爱好
· 和乾隆有关的游猎和体育运动
· 和乾隆有关的饮食文化和饮食趣闻
· 乾隆的其他趣事和逸事
4. 乾隆的历史贡献：
· 乾隆的政治治理成就和改革措施
· 乾隆对文化艺术和科学技术的支持和推动
· 乾隆对外交往来和国际关系的影响
· 乾隆对版图扩张和中国历史的影响

　　我建议第一个步骤是先做出简报内容，所以我会先询问内容，因为内容是要讲出来的话。如果满意再进行大纲提炼，这跟报告或论文不同，因为简报的重点是上台作报告。以下是我的询问公式。

提示词分享：

第一个问题须包含以下内容：

1. 提示身份。（例如：我是一个学生。）
2. 目标是什么。（例如：我要制作PPT。）
3. 背景是什么。（例如：关于清朝乾隆皇帝的历史。）
4. 需要包含的东西。（例如：第一张幻灯片标题、第二张幻灯片标题。）
5. 请帮我写出每一张幻灯片的内容结构。（例如：给我内容。）

单元 3

让 ChatGPT 免费当你的 Excel 老师

使用工具：

ChatGPT、Excel

为什么要学：

在学校里，如果不是财务或会计相关专业，不一定会学到 Excel。因为 Excel 不像 Word 一样常用，但是老师或教授都会建议你一定要学会这项技能，因为"几乎所有职位都需要用到 Excel，学会正确使用它，工作效率可以成倍提高"。

所以即使学校没教，你也应该学会使用 Excel，但是要怎么学呢？我也曾当过好几家电脑补习班的讲师，知道学 Excel 的补习费很贵，这个单元就是要教你如何让 ChatGPT 免费来当你的 Excel 老师。

如何让 ChatGPT 为你解答 Excel 问题

以下示范如何向 ChatGPT 提问。

Step1
我问：请问你会使用 Excel 吗?

一定要先问 ChatGPT 是否会操作 Excel，因为这样接下来不容易离题，它会围绕 Excel 进行回答。

ChatGPT 答：

是的，我熟悉 Excel。Excel 是一款非常常用的电子表格软件，它可以用来处理数据、进行数学计算、制作图表、建立数据模型等。如果你需要任何关于 Excel 的协助，请随时告诉我。

Step2
我问：可以帮我写一份日程表吗?

ChatGPT 答：

当然可以！在 Excel 中，你可以轻松创建自己的日程表。下面是一些步骤和提示，可以帮助你创建一份简单的日程表：

1. 打开 Excel，选择一个新的工作表。
2. 在第一行上输入每个月份的名称。例如，你可以在A1单元格中输入"January"，在 B1 单元格中输入"February"，以此类推，直到你完成了 12 个月份。
3. 在第一列中输入每个日期。例如，你可以在 A2 单元格中输入"1"，在A3单元格中输入"2"，以此类推，直到你完成了整个月份的日期。

4. 接下来，你可以将特殊日期（例如节假日）用不同的颜色进行标记。选择特定的日期单元格，然后单击右键，选择"格式单元格"，然后选择"填充"选项。在这里，你可以选择不同的填充颜色或图案，以标识该日期。

5. 你还可以使用 Excel 的"条件格式"功能来自动标记特定日期。选择你要标识的日期范围，然后单击"条件格式"。在下拉菜单中，你可以选择不同的条件格式，例如"发生日期"等。

6. 最后，你可以为每个月份添加一些注释，例如节日或特殊事件。在每个月份的单元格中添加相关的注释，并使用插入图片或插入超链接的功能添加相关的图片或网页链接。

这是一份简单的行程表，你可以通过自己的创意和 Excel 技能将其自定义，以满足你的需要。

以上是 Excel 入门教学，遇到一些简单的 Excel 问题，ChatGPT 可以立即帮你解决，它可说是一位初级的 Excel 老师。但在职场上使用的 Excel 功能，还有许多函数与 VBA 运用，我将在职场篇中对 Excel 的进阶用法进行说明。

单元 4
用 AI 练习英文口语与听力

使用工具：

ChatGPT、Chrome、Voice Control for ChatGPT

为什么要学：

　　大家都知道英语很重要，既是国际语言也是求学就业、升迁加薪的跳板。长期以来，学校教育偏重读写，练习听力、口语的机会比较少，许多人学了一"纸"好英语，遇到外国人却开不了口。

　　要学好口语与听力，除了花很多钱上补习班，还有什么办法可以免费实现这个梦想呢？这一单元将教你如何使用基于英语架构下的 ChatGPT 与 Voice Control for ChatGPT 这两个AI程序，来帮助你提升英语口语与听力。这个单元也很适合害怕与外国人交流的人，不好意思跟真人练习，那就让 AI 聊天机器人 ChatGPT 来跟你练习吧，它会不厌其烦地跟你聊天。

安装 Voice Control for ChatGPT Chrome 插件

Step1：打开 Chrome 浏览器，输入下方网址。
插件网址：https://reurl.cc/gZ7aq7

Step2：进入 Chrome 在线应用程序商店，看到 Voice Control for ChatGPT 的插件网页，按下"加到 Chrome "的按钮即开始安装，安装完毕后按下新增扩展功能，即安装完成。如图2-4-1和图2-4-2所示。

图2-4-1

图2-4-2

Step3：回到 ChatGPT 网站，你会发现多了图示里的功能，如果安装插件后还没看见，请先重新刷新一下页面，很快就会出现。

用 ChatGPT 练习口语与听力

Step1：按下麦克风按钮，开始说英文，例如：Please tell me what is your favorite book?

Step2：除了文字，ChatGPT 还会以语音的方式回答。如图
2-4-3和图2-4-4所示。

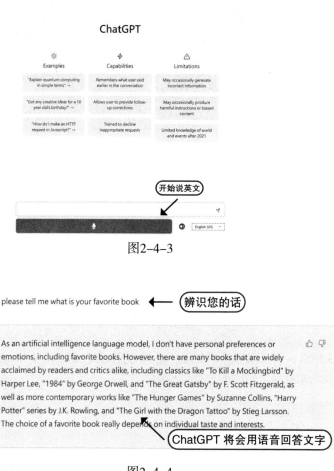

图2-4-3

图2-4-4

接着可以继续与 ChatGPT 一来一回地问答，这样你就拥
有了一位免费且有耐心的口语与听力练习机器人。

单元 5

ChatGPT 协助老师完成教案与考卷

使用工具：

ChatGPT

为什么要学：

一位老师要完成教案，需要消耗不少脑力，况且通常需要同时完成多个教案，这往往让老师伤透脑筋。这时就该请 ChatGPT 帮忙，绝对让你事半功倍，爱上 ChatGPT 这位助手。

我问：我正在教学 ChatGPT 应用课程，请给我教案。

ChatGPT 答：

以下是一份以"ChatGPT 应用课程"为主题的教学教案，供您参考：

主题：ChatGPT 应用课程。

课程目标：

了解 ChatGPT 模型的基本原理和应用场景。

掌握如何使用 ChatGPT 模型进行自然语言生成和对话建模。

培养学生的创新思维和解决问题的能力。

教学内容：

ChatGPT 模型的基本原理和应用场景。

如何使用 ChatGPT 模型进行自然语言生成。

如何使用 ChatGPT 模型进行对话建模和生成。

如何训练和优化 ChatGPT 模型。

教学步骤：

引入：向学生介绍 ChatGPT 模型的基本概念和应用场景，并让学生了解本节课的学习目标。

教学：讲解 ChatGPT 模型的基本原理和架构，包括模型的输入和输出、训练过程，以及优化方法。

活动：组织学生进行小组讨论，让他们探究如何使用 ChatGPT 模型进行自然语言生成，并让他们分享各自的研究成果。

教学：讲解如何使用 ChatGPT 模型进行对话建模和生成，包括模型的训练数据、生成方法和评估指标。

活动：让学生进行个人或小组专题研究，选择一个与 ChatGPT 模型相关的应用场景，设计并生成一个对应的 ChatGPT 应用。

教学：讲解如何训练和优化 ChatGPT 模型，包括训练数据的处理、模型参数的设置和优化方法的选择。

总结：回顾本节课的内容和学生的学习成果，并询问学生是否有其他的问题和观点。

评估：

设计小组讨论和专题研究的评分标准，以评估学生的研究和设计能力。

执行一个 ChatGPT 应用的作业，以评估学生关于 ChatGPT 模型的应用能力和程序设计能力。

教学资源：

课程教材：提供 ChatGPT 模型的相关教材和课程资源，让学生更深入地了解和学习。

程序设计工具：提供程序设计工具和开发环境，让学生能够快速地实现和测试自己的 ChatGPT 应用。

参考文献：提供相关的参考文献和案例，让学生能够更好地理解和应用 ChatGPT 模型。

教学评估：

设计小组讨论和专题研究的评分标准，以评估学生的研究和设计能力。

执行 ChatGPT 应用的作业，以评估学生关于 ChatGPT 模型的应用能力和程序设计能力。

综合评估学生的学习成果和表现，以评估本节课的教学效果和学生的学习满意度。

教学延伸：

扩展学生对 ChatGPT 模型的应用场景的认识，引导他们开展更深入的研究和探索。

引导学生了解其他自然语言处理技术和相关的应用，扩展他们的知识和技能。

鼓励学生参加相关的竞赛和社群活动，拓展他们的人脉和学习经验。

我问：我想出考试题目给学生，请你扮演出题老师。

ChatGPT 答：

　　好的，我很乐意扮演出题老师。请将您希望的考试科目和级别，以及题目类型和难度级别告诉我。

我问：给我 3 道关于甲午战争历史的选择题，并附上答案。

ChatGPT 答：

　　好的，以下是 3 道关于甲午战争历史的选择题：

　　1.甲午战争是哪两个国家之间的战争？
　　A. 中国与韩国　　　B. 日本与中国
　　C. 日本与韩国　　　D. 中国与法国
　　答案：B. 日本与中国

　　2.甲午战争中，中国海军的主力战舰是什么？
　　A. 翔威号　　　B. 镇远号
　　C. 威远号　　　D. 皇太极号
　　答案：B. 镇远号

　　3.甲午战争后，中国和日本签署的不平等条约是哪一个？
　　A.《南京条约》　　　B.《马关条约》
　　C.《辛丑条约》　　　D.《中俄密约》
　　答案：B.《马关条约》

　　从这单元可以看出ChatGPT 绝对可以提高老师们的效

率，老师有了余力后，自然可以提升教学质量，因为他们不再需要花太多时间做琐碎的工作，就有时间学习与进修，这对于老师与学生来说是双赢。

三、职场篇

单元 1

使用 AI 写电子邮件

使用工具:

ChatGPT、ChatGPT Writer、Chrome

为什么要学:

很多人说电子邮件过时了，现在都用微信或其他通信软件直接发送信息，谁还要用电子邮件？但事实是，电子邮件仍有不可取代性。电子邮件和其他通信软件之间的差别就是开放性，电子邮件可以建构专属邮件服务（如自动化回信系统、根据信件点击与否分析其行为，进而自动进入下一步骤），这是微信等通信软件不具备的特性。

因此，电子邮件还是具有很强的实用性。简单来说，你听过经常换手机号码的人，但是你听过经常换电子邮箱的人吗？尤其在商务办公领域，电子邮件还是非常主流的交流方式。

对于计算机工作者来说，很多人每天仍然会收到不少邮件，而且每封都要回信，这时就会遇到词穷的窘境；或是收到英文信件，英文能力不佳的人就需要花更多时间回信。这次来教大家解决这个困境，看看以 ChatGPT 为基底的 ChatGPT Writer（这也是一个 Chrome 的扩展功能），能不能成为你的电子邮件写作顾问。通过这个单元来学习如何让 AI 帮你撰写专业的电子邮件吧。

ChatGPT Writer 的安装步骤

ChatGPT Writer 虽然是 Chrome 浏览器的扩展功能，但 Microsoft Edge 浏览器也能使用，只要是以 Chromium 为核心的浏览器都能使用，以下我会以 Chrome 为例。

Step1：

通过下方的网址进入 ChatGPT Writer 官网，进到官网之后，点击 Download Free Extension 会跳转到 Chrome 在线应用程序商店，下面有一些扩展功能的特色介绍以及相关影片。如图3-1-1所示。

ChatGPT Writer 官网网址：https://chatgptwriter.ai/ChatGPT Writer

⚡ ChatGPT Writer

Free Chrome extension to generate entire emails and messages using ChatGPT AI. All sites are supported and enhanced support for Gmail.

⭐⭐⭐⭐⭐

100,000+ happy users who don't like writing emails

⊘ Highest quality responses that outcompete all other tools in the market
⊘ Works in all Chromium-based browsers, such as Chrome, Brave, and Edge
⊘ Works on all sites. Works even better on Gmail
⊘ All languages are supported
⊘ 100% free and privacy friendly

图3-1-1

Step2：

接着安装 Chrome 在线应用程序商店中的 ChatGPT Writer 的扩展程序，点击"加到 Chrome"。如图3-1-2所示。

图3-1-2

Step3：

点击扩展功能图标，将 ChatGPT Writer 固定在工具列。如图 3-1-3所示。

图3-1-3

Step4：

接着要有 ChatGPT 的账号，并且为登录状态。如图3-1-4所示。

图3-1-4

ChatGPT Writer 撰写电子邮件的方法

　　点击 ChatGPT Writer 的扩展功能图示，会跳出 ChatGPT Writer 的使用界面，界面虽然没有中文，但它可以让 AI 自动生成中文内容，于下方"Briefly enter what do you want to write"中输入你的信件要回复的内容重点。如图3-1-5所示。

图3-1-5

　　如图3-1-6所示，比如我输入"写一封电子邮件，说明我正在寻找工作机会"，然后按 Generate Response：

图3-1-6

轻松上手 AIGC：如何更好地向 ChatGPT 提问

至于 AI 的生成速度，要看当时使用 ChatGPT 的人数多寡，如果人数不多的话就会很快生成。另外，如果你使用时明明输入的是中文，却生成了英文内容，这时请再按一次 Generate Response，或是加上"请用中文回答"。如图3-1-7 所示。

图3-1-7

以下为 ChatGPT Writer 生成的内容：
主题：寻求工作机会

收件人：[收件人的电子邮件地址]

尊敬的［收件人姓名］：

我是［你的名字］，是一位寻求工作机会的求职者。我注意到贵公司［公司名称］在招聘［职位名称］，因此特地写下这封电子邮件向您展示我的兴趣和求职意向。

我毕业于［大学名称］，主修［主修科目］，在学习过程中获得了丰富的专业知识和实践经验。在过往的工作经验中，我拥有［工作经验描述］的经验，并且擅长［擅长的技能或领域］。

我对于在贵公司工作充满热忱，因为［公司名称］是一家［公司特点描述］的公司，在［行业领域］领域具有很高的知名度和影响力。我相信我的专业知识和实践经验，以及对［职位名称］的热情，将使我成为一个对贵公司有所贡献的优秀员工。

附件是我的简历和推荐信，如果您对我的资料感兴趣，我很乐意与您进一步聊天。

谢谢您的时间和考虑，期待您的回复。

此致

敬

如果觉得不错，就可以复制粘贴到要回复的邮件中。

如果你是用浏览器打开的 Gmail，准备撰写新信件，还有个更快的做法。在写信时底部工具列会出现 ChatGPT Writer 的图示，点一下即可打开 ChatGPT Writer。如图3-1-8所示。

新邮件	_ ↗ ×
收件者	副本 密件副本
主旨	

图3-1-8

ChatGPT Writer 回复信件的用法

如图3-1-9和图3-1-10所示，如果你正在回信，它会自动把对方写的内容贴在 Email context，这时就可以在"Briefly enter what do you want to email"中输入你想要回复对方的内容重点：

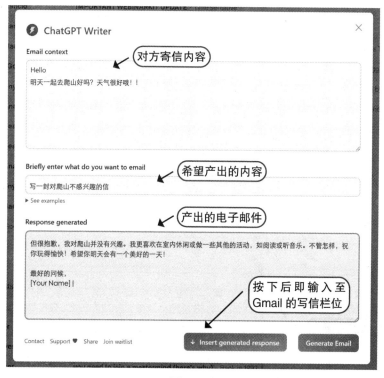

图3-1-9

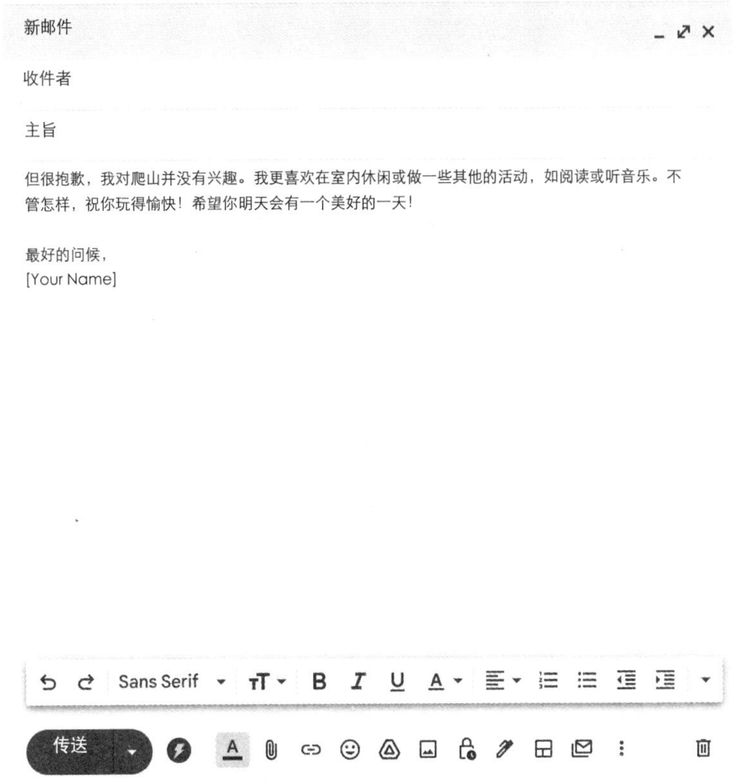

新邮件   _ ⤢ ✕

收件者

主旨

但很抱歉，我对爬山并没有兴趣。我更喜欢在室内休闲或做一些其他的活动，如阅读或听音乐。不管怎样，祝你玩得愉快！希望你明天会有一个美好的一天！

最好的问候，
[Your Name]

图3-1-10

单元 2

用 ChatGPT 帮你写产品营销策划书

使用工具:

ChatGPT

为什么要学:

ChatGPT 在有明确答案或可依靠计算的领域,都表现得非常出色,制作一份报告绝对没有问题。但在营销领域呢?营销需要创意、创新、文案撰写能力,这点非常主观而且没有标准答案,也无法通过计算生成。ChatGPT 做得到这点吗?我们来试试看吧!

假设要推出一款防水、耐撞、拍照功能媲美相机的旗舰版手机,领导要我们写一份营销策划书,要怎么利用 ChatGPT 才能做到呢?

我先带你走一遍产品营销的流程：思考→内容撰写→策划灵感。

思考清楚后，即可撰写宣传文案，接下来就要开始策划营销方案。

公式架构如下：

思考文案：用 ChatGPT 创作广告标语、产品名称等。

内容撰写：用 ChatGPT 写宣传文案。

策划灵感：用 ChatGPT 写营销策划方案。

用 ChatGPT 创作广告标语、产品名称等

我问：我想要一份产品策划与营销策划，你可以协助我吗？

（切记要先问这句看似不重要的话，这样主题才会围绕着"策划"。）

ChatGPT 答：

当然可以！我可以提供产品策划和营销策划的建议，以下是一些步骤：

1. 了解目标市场：首先，你需要了解你的目标市场，这些人是谁，他们有什么需求和偏好。这样可以帮助你确定产品的特点和定位。

2. 确定产品特色：根据你所了解的目标市场，确定产品的特色和功能，这样可以让产品与其他竞争对手区分开来。

3. 进行市场分析：进行市场分析可以帮助你了解市场的

趋势和竞争对手的优势。你需要评估你的产品在市场中的机会和挑战。

4. 制定定价策略：根据你的产品和目标市场，制定定价策略，这样可以确定产品的价格，同时也需要考虑成本和竞争环境。

5. 制定营销策略：制定一个有效的营销策略可以帮助你推广你的产品。你需要确定你的营销渠道，如社交媒体、广告、宣传、公关等。

6. 监控和评估：一旦你开始实施营销计划，你需要定期监控和评估其效果，这样可以让你及时调整策略，以确保其成功。

希望这些步骤能帮助你制定产品和营销计划。如果你需要更多的协助，请让我知道！

我问：公司要推出一款防水、耐撞、拍照功能媲美相机的旗舰型手机，请给我 10 个中文品牌命名建议，希望能够呈现出这个品牌具有市场上最顶级旗舰手机的感觉。

ChatGPT 答：

当然，以下是 10 个中文品牌命名建议：

1. "海鸥"传达水中寻宝的感觉，既耐撞又防水，同时给人高雅、专业的印象。

2. "海盾"以防水和耐撞的特性为基础，营造出坚固、强大的品牌形象。

3. "勇士"强调产品的坚固性和可靠性，传达出超越极限的勇气和实力。

4. "钢铁"暗示产品坚固、耐用的特性，并与漫威的热门角色联系起来，让产品更有趣。

5. "极地"暗示产品防水、耐寒的特性，并与极地探险联系起来，让产品更有冒险感。

6. "雷神"以雷神索尔为灵感，给人强大、坚固、高大上的印象，同时强调产品的防水和耐撞性。

7. "雷霆"同样以雷电为灵感，传达出强大、震撼的感觉，同时也强调产品的防水和耐撞性。

8. "猎户"座以星座为灵感，表达出产品高科技、高端、高质量的特性。

9. "狮王"传达出强大、霸气、高贵的形象，同时强调产品的防水和耐撞性。

10. "超车王"传达出极速、挑战极限的感觉，同时暗示产品有着超越同类产品的优势。

我问：以武侠风格命名，再给我 10 个建议。

ChatGPT 答：

当然，以下是一些武侠风格的品牌命名建议：

1. "云剑"云气飘渺，剑法高超，寓意产品性能优异。

2. "无极"意味着无限极限，象征产品在性能上突破了极限。

3. "洛神"取自《洛神赋》，寓意优雅、高贵、仙气逼人的形象。

4. "紫凤"借鉴古代神话中神鸟紫凤的形象，象征品牌高贵、优雅，并且与鸟类概念结合，体现轻巧便携的产品设计。

5. "玄冥"含有神秘、隐晦、玄妙的意思，寓意产品设计高深莫测。

6. "紫霞"寓意优雅、高贵、灵气逼人的形象。

7. "倚天"取自《倚天屠龙记》，意味着产品在市场上屹立不摇，像《倚天屠龙记》中的倚天剑一样威猛。

8. "江湖"是武侠小说中常用的词语，意味着产品具有独特的风格和文化背景，能吸引武侠迷的注意。

9. "苍穹"含有高远、广阔、无限的意思，寓意产品在市场上有着更广阔的发展空间。

10. "九阴"借鉴金庸小说中的武功秘籍《九阴真经》，意味着产品技术上高超、其他产品难以匹敌。

我问：我喜欢"无极"，可以帮这个品牌设计广告标语吗?

ChatGPT 答:

当然，以下是一些针对"无极"品牌的广告标语建议：

1. 突破极限，尽享无极。

2. 无尽无极，极致无限。

3. 无极限创造，极致体验。

4. 无止境突破，极致科技体验。

5. 走向无极，开启无限可能。

6. 突破极限，寻求无极。

7. 挑战极限，体验无极。

8. 意欲无极，始终如一。

9. 无尽进化，超越极限。

10. 极致科技，无极体验。

用 ChatGPT 写宣传文案

我问："无尽进化，超越极限"这标语不错，帮我写一篇这个新品牌发表的社交媒体贴文。

ChatGPT 答：

当然，以下是我为这个新品牌"无极"所撰写的一篇社交媒体贴文：

无极——无尽进化，超越极限

我们很高兴向大家介绍我们的最新旗舰型手机"无极"。这款手机将以其超强的防水和耐撞能力、媲美相机的拍照功能和无限的创意潜力，让您的使用体验达到一个全新的境界。

"无极"这个品牌名称正好表达了我们的理念。我们致力于让手机的发展无尽无限，超越眼前的极限，为您提供最极致的体验。我们对科技的不断探索，让我们能够打破传统的限制，开拓更多的可能性。

无论您是拍照爱好者，还是喜爱户外活动的人士，"无极"都能满足您对手机的各种需求。它将为您提供无与伦比的使用体验，让您享受前所未有的创造力和自由。

如果您也对"无极"感兴趣，请关注我们的官方网站和社交媒体账号，以便获取最新消息和优惠。让我们共同开启无尽进化，超越极限的旅程!

有没有发现，前面所谈的元素与规则都在文案中呈现，不需要多说一次防水和耐撞能力，以及媲美相机的拍照功能。我相信这篇 AI 文案已经打败了许多实力一般的小编，但距离取代真正的文案高手还有一段距离，可是懂得使用 AI 的"菜鸟"小编，应该可以取代一些实力普通的前辈了。懂得使用 AI 辅助工作，将让你赢在起跑线。

言归正传，完整策划还没完成，我们继续问下去。

我问：帮这个品牌写一篇针对"潜水也不怕"这个产品特色的使用体验。

ChatGPT答：
好的，以下是我为"无极"这个品牌写的一篇针对"潜水也不怕"这个产品特色的使用体验：

潜水也不怕，无极让你勇闯深海

作为一款媲美相机的旗舰手机，"无极"在防水和耐撞方面有着非常强大的功能。这就意味着，您可以不用担心任何潜水运动中的挑战，全心投入到冒险和探索中。

这里，我想和大家分享一个携带"无极"手机潜水的体验。在这次潜水中，我将手机带在身边，准备拍下那些奇妙的时刻。

我记得，当我潜到海底时，我能够清晰地看到所有的生物和珊瑚，就像在晴朗的天空下一样清晰明亮。我使用"无极"的拍照功能，将这些美丽的景色定格下来，呈现出海底的惊人美景。

但这还不是全部。在潜水中，您可能会遇到各种各样的障碍，比如激流和强风。但是，"无极"的耐撞能力给了我足够的信心和安全感，这让我能够专注于冒险和探索。

如果您也是一个热爱冒险的人，或者对于探索海洋深处充满好奇，那么"无极"将会是您最好的搭档。不管是潜水、游泳或者其他任何水下运动，"无极"都能为您带来绝佳的体验，让您勇闯深海，探索未知的世界。

不得不佩服 AI 无中生有的编剧能力，我相信如果能加上几张照片，从网络上看到这篇文章的大部分人都会相信这是一篇真实的使用体验。

用 ChatGPT 写活动策划方案

我问：可以为这个品牌规划 5 个圣诞节策划案吗？

ChatGPT 答：

1. "无极"圣诞礼物交换活动：在圣诞节当天，举办一个"无极"圣诞礼物交换活动。所有参与者都要携带一份精美的礼物，并在活动中互相交换，共享快乐的圣诞时光。

2. "无极"圣诞快乐音乐会：举办一场"无极"圣诞快乐音乐会，邀请知名音乐人和歌手为大家带来一场愉快的圣诞音乐盛宴。这场音乐会可以线上或线下进行，为消费者带来多元化的体验。

3. "无极"圣诞限定版手机：在圣诞节期间推出一款限定版的"无极"手机，将圣诞元素融入设计中。这款手机可以作为礼物赠送给家人和朋友，也可以作为给自己的圣诞礼物。

4. "无极"圣诞活动打卡：在圣诞节期间，举办一个"无极"圣诞打卡活动，让消费者参与其中。在指定的打卡点拍照并发布到社交媒体上，并标注"无极"的官方账号，就可以获得一份神秘的圣诞礼物。

5. "无极"圣诞夜市：在圣诞节当天，举办一个"无极"圣诞夜市活动。这个活动可以在室内或者室外进行，设置各种摊位和游戏，让大家感受到浓浓的圣诞氛围。在这个夜市活动中，"无极"可以设置专门的体验区域，让消费者近距离体验产品，加深品牌印象。

我对这 5 个圣诞策划方案都不是很满意，因为层面太广没有重点，所以我决定加上以"超强拍照功能"为主的圣诞策划案。

我问：可以延伸"拍照功能媲美相机的旗舰手机"的产品特性，关联到"留下永恒回忆"吗？请给我 5 个策划灵感。

ChatGPT 答：

当然可以！以下是5个关联到"留下永恒回忆"的圣诞节策划建议：

1. "Christmas Captures"圣诞照片比赛：邀请消费者用我们的手机拍下属于他们的独特圣诞照片，并分享到社交媒体上，最佳作品可获得精美礼品。

2. "Unwrap Memories"圣诞惊喜大放送：邀请消费者在圣诞节当天用我们的手机拍下他们收到礼物时的表情，并分享到社交媒体上，我们将选出最佳作品并赠送额外的惊喜礼品。

3. "Christmas in Motion"圣诞影片创作大赛：邀请消费者用我们的手机拍摄一段圣诞节的影片，并将其编辑成一部精美的短片，最佳作品可获得超值奖品。

4. "Holiday Portrait Studio"圣诞肖像摄影：提供消费者在圣诞节期间到指定地点，用我们的手机拍摄专业风格的肖像照片，可获得免费打印及电子留档。

5. "The Gift of Memories"圣诞礼物特别策划：推出圣诞限定版礼盒，包含我们的手机、充电器、保护壳等配件，让消费者在圣诞节期间能够拍摄高质量的照片和影片，记录下美好时刻。

我喜欢第二个圣诞策划案，因为不难做到，成本不会太高，亦可以达到宣传的效果，但是我还不打算放过这个 24 小时工作且不会累的工作助手，我接着问下去。

用 ChatGPT 写影片拍摄脚本

我问：上面第 2 点的策划非常棒！如果要以这个策划拍摄一支短片，你会建议怎么做？

ChatGPT 答：

感谢您的赞赏！以下是以 "Unwrap Memories" 为概念的圣诞节短片拍摄建议：

1. 拍摄场景：选择一个温馨、充满圣诞节氛围的室内场地，例如圣诞树下、餐桌旁或壁炉边，并布置相应的圣诞装饰，如彩灯、蜡烛等。

2. 拍摄角度：以手机为主要摄影器材，采用多个角度拍摄，包括近景、远景、俯拍、侧拍等，以展现不同的场景和细节，让观众更加身临其境。

3. 拍摄对象：选择一个有代表性的家庭或团体，让他们在圣诞节当天进行礼物交换，并用手机拍摄他们的表情和反应。让观众感受到这个特别的时刻和他们的情感。

4. 音乐配乐：选择一首轻柔、温馨的圣诞节歌曲作为配乐，让观众更容易感受到圣诞节的氛围和情感。

5. 编辑剪辑：将拍摄的影片剪辑成一个 3—5 分钟的短片，并加入相关的文字、声音效果和过场动画，让整个影片更具节日氛围和情感。在影片结尾处加入品牌标志和企业标语，强化品牌形象和呼吁消费者。

希望以上建议能帮助您拍摄出一支精美的圣诞节短片！

我问：帮我写两个脚本。

ChatGPT 答：

脚本 1：爱情短片

- 主题：爱与回忆
- 人物：男女主角、男女配角
- 情节：男女主角相恋，但因各种原因而分手。男主角一直沉浸在回忆中无法自拔，女主角则开始了新的生活，但她在某天偶然翻出两人拍的照片，想起以前的美好回忆，开始寻找男主角。最后两人在原地重逢，一起欣赏过去的照片，重新点燃彼此的爱情之火。

脚本 2：友情短片
- 主题：友情与成长
- 人物：3 位青年男女
- 情节：3 位青年男女在校园相识，成为好朋友，但毕业后各奔东西，因为种种原因逐渐疏远。某天，其中一位遇到了人生挫折，感到无助和孤独，通过社交媒体找到了两位好友，约定在昔日的校园见面，回忆过去的岁月。3 人在校园里拍下了这一刻的照片，证明他们的友情犹在，而这张照片也成为他们成长路上的珍贵回忆。

　　这两个脚本看起来都不错，但我还是不满意，因为偏离了圣诞节活动主题，所以我加上条件重新询问。

我问："Unwrap Memories"圣诞惊喜大放送：邀请消费者在圣诞节当天用我们的手机拍下他们收到礼物时的表情，并分享到社交媒体上，我们将选出最佳作品并赠送额外的惊喜礼物。帮我写出两个影片脚本。

ChatGPT 答：
- 影片脚本 1：《圣诞礼物惊喜》
- 镜头：一位年轻女子坐在客厅里，手上拿着一个礼物。
- 镜头：手机画面显示她开启了"Unwrap Memories"APP，

准备录制她打开礼物时的表情。

· 镜头：女子打开礼物，露出惊喜的表情。
· 镜头：手机画面显示她将录制的影片分享到社交媒体上，并标注了"Unwrap Memories"的账号。
· 镜头：手机画面显示其他人也开始分享自己收到礼物时的影片。
· 镜头：手机画面显示"Unwrap Memories"在所有影片中选出了最佳的一位，并送上额外的圣诞惊喜礼物。
· 镜头：结尾画面出现"Unwrap Memories"的标志，以及圣诞节祝福词。

影片脚本 2：《永恒的回忆》
· 镜头：一对年轻情侣在雪景中散步，手牵手。
· 镜头：手机画面显示他们用"Unwrap Memories"APP拍摄下他们在一起的时刻，还有他们周围的风景。
· 镜头：手机画面显示他们将影片保存在手机中。
· 镜头：手机画面显示他们在家中回顾当时拍摄下的影片，并开心地分享回忆。
· 镜头：手机画面显示他们将影片上传到社交媒体上，以及其他人也分享了他们在一起的回忆。
· 镜头：手机画面显示"Unwrap Memories"在圣诞节当天，将他们影片中的某些片段制成了一段短片，传送到他们的手机上，成为他们永恒的回忆。
· 镜头：结尾画面出现"Unwrap Memories"的标志，以及圣诞节祝福词。

在短短 30 分钟内，完成了发想→内容撰写→策划灵感，最后连影片拍摄脚本都帮你完成了，是不是很快速呢？如果你是从事这类工作的人，没有 AI 的帮助，制作一份这样的策划书要多久？我相信绝对没有这么快。虽然 AI 给出的答复不是最好的，但是多出来的时间，你可以好好思考如何增加策划的创意，这样策划才有灵魂，才会成功。

单元 3

ChatGPT 协助使用 Excel 的进阶用法

使用工具：
ChatGPT、Excel

为什么要学：

  Excel 的重要性在前文中已经介绍过了，而这一单元将一步步带你完成一份报表，并了解如何使用 ChatGPT 帮助你学会使用 Excel 的技能，让你能轻松编写函数、计算数值等。这些操作只需点击几下就可实现，学会这些方法，将让你在职场上如鱼得水。

ChatGPT 处理基本的 Excel 函数

假设有一家"无远弗届有限公司",拥有许多不同国家和地区的市场,并将各市场的收入记录下来,如图3-3-1所示。那么问题来了,我要计算总收入,但我不确定在 Excel 上要用什么函数,所以就问问 ChatGPT "大神"。

	A	B	C
1	**无远弗届有限公司**		
2	**市场**	**收入**	
3	中国	$ 847,592,945	
4	印度	$ 369,009,873	
5	日本	$ 747,920,487	
6	马来西亚	$ 360,098,495	
7	韩国	$ 283,048,290	
8	新加坡	$ 129,840,976	
9	美国	$ 290,482,783	
10	德国	$ 138,178,947	
11	加拿大	$ 122,948,494	
12	菲律宾	$ 209,404,729	
13	印度尼西亚	$ 108,874,789	
14	英国	$ 738,303, 计算总收入的栏位	
15	**收入统计**		

图3-3-1

我问：给我一个将单元格 B3–B14 相加的 Excel 公式。

ChatGPT 答：

您可以使用 SUM 函数来计算单元格 B3 到 B14 的总和，公式如下：

=SUM（B3:B14）

这个公式将选择 B3 到 B14 范围中的所有单元格，将它们相加以得到总和。

看完总收入后，接下来要算领导最在意的利润，利润就是所有的收入减去所有的成本与费用。其实这一题很简单，我假装不会，看看 ChatGPT 会怎么解决我的问题。

我问：我要用 Excel 计算利润，而我的收入在单元格 A2，成本费用在单元格 B2，请问要怎么做？

ChatGPT 答：

您可以使用 Excel 的公式来计算利润，公式如下：

=A2–B2

这个公式将从单元格 A2 中的收入（即收益）中减去单元格 B2 中的成本费用（即支出），从而得出净利润。如果您的净利润是正数，则意味着您的收入超过了成本，从而产生了盈利。如果您的净利润是负数，则表示您的成本超过了收入，从而产生了亏损。

这个回答超乎我的预期，ChatGPT 发现了我故意留下的看似正确实则错误的信息：我故意使用"收入"与"成本费用", 其实比较正确的用法是使用"收益"与"支出"。这表示 ChatGPT 是真的懂如何操作，而不是随意从数据资料中抓取答案。图3-3-2为 ChatGPT 回复的截图证明。代入其提供的公式后算出的利润如图3-3-3所示。

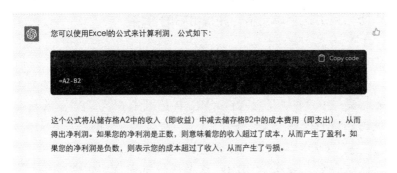

> 我要用Excel算利润,而我的收入在储存格A2,我的成本费用在储存格B2,请问要怎么做

> 您可以使用Excel的公式来计算利润，公式如下：
>
> Copy code
>
> =A2-B2
>
> 这个公式将从储存格A2中的收入（即收益）中减去储存格B2中的成本费用（即支出），从而得出净利润。如果您的净利润是正数，则意味着您的收入超过了成本，从而产生了盈利。如果您的净利润是负数，则表示您的成本超过了收入，从而产生了亏损。

图3-3-2

	A	B	C
		无远弗届有限公司	
	收入	成本费用	利润
	$4,345,704,292	$734,504,292	$3,611,200,000

图3-3-3

ChatGPT 处理进阶的 Excel 函数

目前展示的部分都还算简单，我们开始增加难度。如果在众多产品资料里，要找出一笔资料的价格，看看 ChatGPT 会给我什么公式？

我问：我要写一个 Excel 公式，在我的 Excel 资料里，找出咖啡巧克力这个单元格，并找出它的价格。

ChatGPT 答：

假设"咖啡巧克力"这个单元格是 A1，"价格"这个单元格是 B1，可以使用 VLOOKUP 函数来查找"A1"的值并返回相应的价格，公式如下：

=VLOOKUP（"咖啡巧克力",A1:B100,2,FALSE）

这个公式会在 A1:B100 这个区域中查找"咖啡巧克力"这个值，如果找到它，就返回该行的第 2 个单元格，即单元格B1中的价格。

请注意，VLOOKUP 函数的第 3 个参数是返回值的列索引。在这种情况下，我们希望返回的值在第 2 列，因此为 2。第 4 个参数 FALSE 表示查找的值必须与表格中的值完全匹配。

VLOOKUP 与 XLOOKUP 是 Excel 很常用的函数，简单来说就是垂直寻找与横向寻找。我展示的资料量很少，所以看不出这个函数的重要性，但假设有上千或上万笔资料，这个函数就非常重要了。ChatGPT 再次完美解决了这个 Excel 问题，如图3-3-4所示。

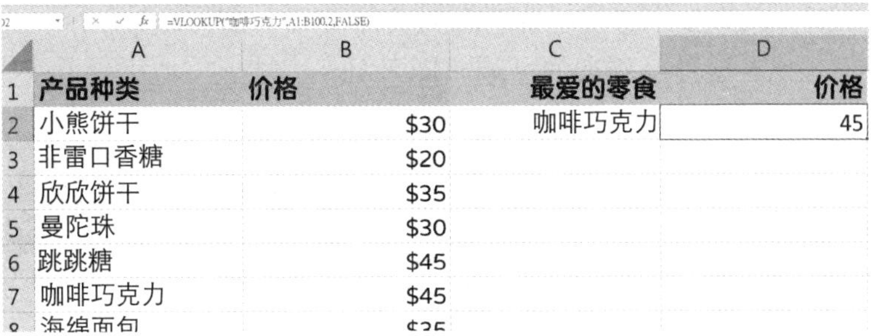

=VLOOKUP("咖啡巧克力",A1:B100,2,FALSE)

	A	B	C	D
1	产品种类	价格	最爱的零食	价格
2	小熊饼干	$30	咖啡巧克力	45
3	非雷口香糖	$20		
4	欣欣饼干	$35		
5	曼陀珠	$30		
6	跳跳糖	$45		
7	咖啡巧克力	$45		
8	海绵面包	$35		

图3–3–4

接下来再增加点难度，要在一堆卖出产品里找出咖啡巧克力共卖出多少钱，以及卖出多少组。

我问：我要写一个 Excel 公式，在我的 Excel 资料里，找出所有咖啡巧克力单元格，并计算它的价格总和。

ChatGPT 答：

可以使用 SUMIF 函数来查找所有包含“咖啡巧克力”的单元格，并将它们的价格相加。假设你的资料单元格是 A1:B100，其中 A 列包含产品名称，B 列包含产品价格。你可以使用以下公式：

=SUMIF（A1:A100,"咖啡巧克力",B1:B100）

如图3–3–5所示，这个公式会在 A1:A100 中查找所有包含“咖啡巧克力”的单元格，并将相应的价格值（在 B1:B100 中）相加。

请注意，SUMIF 函数的第 1 个参数是要检查的区域（即

A 列），第 2 个参数是要匹配的条件（即"咖啡巧克力"），
第 3 个参数是要相加的区域（即 B 列）。

	A	B	C	D
	D2	fx	=SUMIF(A1:A100,"咖啡巧克力",B1:B100)	
1	价格种类	价格	产品种类	总共售出
2	小熊饼干	$30	咖啡巧克力	$135
3	非雷口香糖	$20		
4	欣欣饼干	$35		
5	曼珠饼干	$30		
6	跳跳糖	$45		
7	咖啡巧克力	$45		
8	海绵面包	$35		
9	草莓饼干	$40		
10	非雷口香糖	$20		
11	小熊饼干	$30		
12	非雷口香糖	$20		
13	欣欣饼干	$35		
14	曼陀珠	$30		
15	非雷口香糖	$20		
16	小熊饼干	$30		
17	咖啡巧克力	$45		
18	咖啡巧克力	$45		
19	非雷口香糖	$20		

图3-3-5

我问：我要写一个 Excel 公式，在我的 Excel 资料里，找出
咖啡巧克力有几个。

ChatGPT 答：

你可以使用 COUNTIF 函数来计算包含特定文本的单元
格数量。假设你的资料单元格是 A1:A100，其中 A 列包含产
品名称。你可以使用以下公式来计算包含"咖啡巧克力"的
单元格数量：

=COUNTIF（A1:A100,"咖啡巧克力"）

这个公式会在 A1:A100 中查找包含"咖啡巧克力"的单元格，并返回其数量。如图3-3-6所示。

E2			f_x	=SUMIF(A1:A100,"咖啡巧克力",B1:B100)	
	A	B	C	D	E
1	价格种类	价格	产品种类	卖出几个	总共多少钱
2	小熊饼干	$30	咖啡巧克力	3	$135
3	非雷口香糖	$20			
4	欣欣饼干	$35			
5	曼珠饼干	$30			
6	跳跳糖	$45			
7	咖啡巧克力	$45			
8	海绵面包	$35			
9	草莓饼干	$40			
10	非雷口香糖	$20			
11	小熊饼干	$30			
12	非雷口香糖	$20			
13	欣欣饼干	$35			
14	曼陀珠	$30			
15	非雷口香糖	$20			
16	小熊饼干	$30			
17	咖啡巧克力	$45			
18	咖啡巧克力	$45			
19	非雷口香糖	$20			

图3-3-6

ChatGPT 懂 Excel 的 VBA（Visual Basic for Applications）吗?

VBA是 Visual Basic 的一种宏语言，目前可以确定的是 ChatGPT 写 Excel 函数或算式是没有问题的，接下来我们尝试写 Excel 的 VBA，看看 ChatGPT 能否解决问题。

假设我要 Excel 帮忙寄信给应付账款的客户（你们没看错，利用 Excel 寄信），严格说是请 Excel 自动利用 Outlook 寄信给这些客户。要怎么做呢？要实现这项功能就必须撰写 VBA，来看看 ChatGPT 能否做到。

如图3-3-7所示，首先在上方标签选择资料，在工具列上的空白处按下右键，选择自订功能区。

图3-3-7

跳出下方画面，请勾选开发人员选项，如图3-3-8所示。

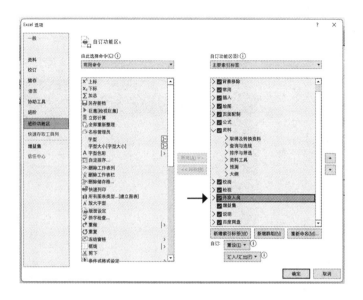

图3-3-8

点击上方标签中的开发人员选项，左上方按下 Visual Basic 按钮。如图3-3-9所示。

图3-3-9

选择插入→创一个新模组。如图3-3-10所示。

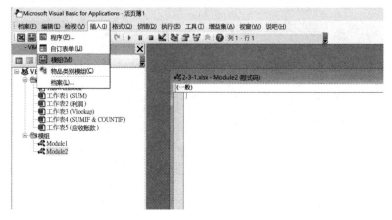

图3-3-10

下图即是 VBA 程序编辑区。如图3-3-11所示。

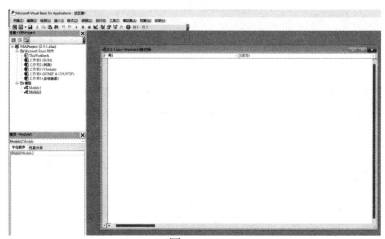

图3-3-11

接下来进入 ChatGPT 网站。

我问：编写一个 Excel VBA 巨集来发送电子邮件。使用以下主题："无远弗届有限公司通知信"。使用以下文本："您欠无远弗届有限公司 X"。从 A 列中取值 X，发送到 B 列中列出的电子邮件地址。

ChatGPT 答：

以下是一个使用 VBA 编写的发送电子邮件的巨集，根据您提供的信息进行自定义。

```
Sub SendEmails()
    Dim objOutlook As Object
    Dim objMail As Object
    Dim rngTo As Range
    Dim cell As Range
    Dim strSubject As String
    Dim strBody As String
    Dim strCompany As String

    '设定公司名称
    strCompany＝"无远弗届有限公司"

    '创建 Outlook 对象
    Set objOutlook ＝CreateObject（"Outlook.Application"）

    '设定主题和正文
    strSubject＝"无远弗届有限公司通知信"
```

```
strBody＝"您欠" & strCompany & " "

'获取电子邮件地址列表
Set rngTo＝Range（"B2:B10"）

'发送邮件
For Each cell In rngTo
    Set objMail＝objOutlook.CreateItem（0）
    objMail.To＝cell.Value
    objMail.Subject＝strSubject
    objMail.Body＝strBody & Range（"A"& cell.Row）.
    Value
    objMail.Send
    Set objMail＝Nothing
Next cell

    '释放对象
    Set objOutlook＝Nothing
    End Sub
```

　　这个巨集会使用 Outlook 应用程序创建新的电子邮件对象，然后将电子邮件地址列表中的每个地址填入 To 字段。在主题中使用指定的主题，并在正文中使用指定的文本和从 A 列中取得的值 X。最后，使用 Send 方法发送电子邮件。请确保您已经将电子邮件地址放在 B 列中。

将上述 VBA 程序码粘贴到 VBA 程序编辑区，然后选择上方工具按钮，点击设定引用项目，找出 Microsoft Outlook 16.0 Object Library 并勾选它，这样才能启动 Outlook 执行。如图3-3-12、图3-3-13和图3-3-14 所示。

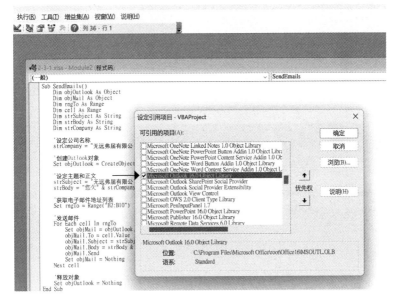

图3-3-12

巨集
?
巨集名称 (M):
SendEmails
SendEmails
执行 (R)
逐步执行 (S)
编辑 (E)
建立 (C)
删除 (D)
选项 (O)...
巨项存放在 (A):
所有开启的活页簿
描述
取消

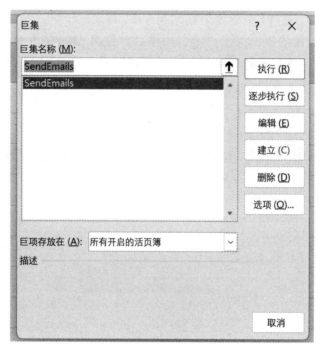

图3-3-13

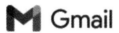

Gmail
无远弗届有限公司通知信
brothergogoo@gmail.com <brothergogoo@gmail.com>
收件者: techpa8@gmail.com
您欠无远弗届有限公司 335895

图3-3-14

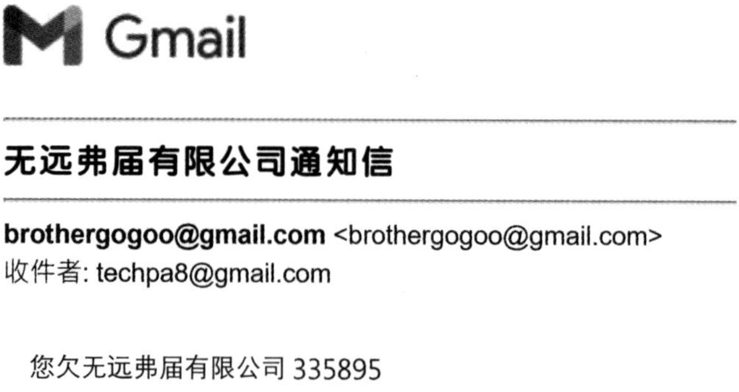

Outlook 设定教学——以 Gmail 账号为例

Excel 是利用 Outlook 寄信，所以要先在 Outlook 设定一组电子邮件，才能顺利将信件寄出去。以下为 Outlook 设定教学（以 Gmail 账号设定为例）：

Step1：打开 Outlook，跳出下方画面，请选择是（Y），再按下一步（N）。如图3-3-15所示。

图3-3-15

Step2：输入以下资料，账号与密码。如图3-3-16所示。

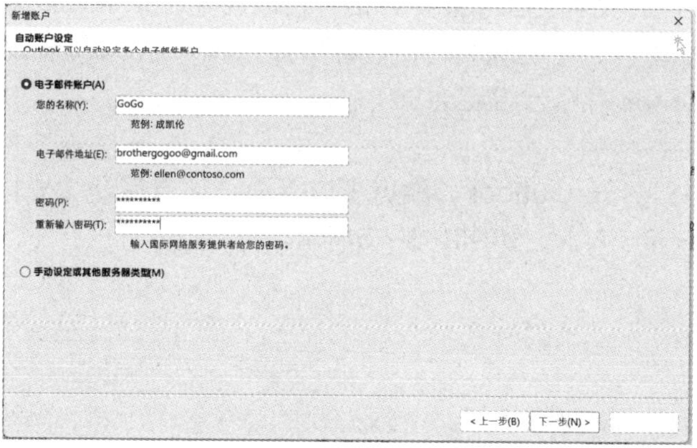

图3-3-16

Step3：登入 Gmail 账号成功后，即设定成功。如图3-3-17所示。

图3-3-17

单元 4
用 ChatGPT 整理信息，让领导对你刮目相看

使用工具：

ChatGPT、Excel

为什么要学：

除非从事体力工作，不然工作时一定会遇到需要整理信息的时候，没有秘书的你该怎么办？一篇像"无字天书"的文章，要怎么理出头绪？这时 ChatGPT 就是你最可靠的好帮手。

长篇大论的文章，如何快速摘要？

我们来看看苹果公司的财务报告，网页是这么写的：

苹果今日发布了截至 2022 年 9 月 24 日的 2022 财年第四

季度财务业绩。公司公布九月份季度营收达到创纪录的 901 亿美元，同比增长 8%，本季度稀释后每股收益为 1.29 美元，同比增长 4%。年度营收达 3943 亿美元，同比增长 8%，本年度稀释后每股收益达到 6.11 美元，同比增长 9%。

"本季度业绩反映了苹果对顾客、不懈创新，以及让世界变得更美好的承诺。"苹果 CEO（首席执行官）Tim Cook（蒂姆·库克）表示，"我们推出迄今最强大的产品阵容开启节日季……全面解锁人类的创意潜能。"

不需要看完，我知道你已经看不下去了，如果这时你的领导说，10 分钟内给我简单说明重点，要怎么做呢？这时只要回答领导"3 分钟就好"，相信领导一定对你刮目相看，接着就赶快请出 ChatGPT"大神"。

我问：
文章太长：

苹果今日发布了截至 2022 年 9 月 24 日的 2022 财年第四季度财务业绩。公司公布九月份季度营收达到创纪录的 901 亿美元，同比增长 8%，本季度稀释后每股收益为 1.29 美元，同比增长 4%。年度营收达 3943 亿美元，同比增长 8%，本年度稀释后每股收益达到 6.11 美元，同比增长 9%。

"本季度业绩反映了苹果对顾客、不懈创新，以及让世界变得更美好的承诺。"苹果 CEO Tim Cook 表示，"我们推出迄今最强大的产品阵容开启节日季，始终确保在每一项行动、每一项决策中践行苹果的价值观。我们将继续不遗余力地保护环境、保障用户隐私、加强无障碍功能、研发产品与服务，全面解锁人类的创意潜能。"

"创纪录的九月份季度业绩，再一次展示了我们在复杂多变的宏观经济背景下高效的执行力。"苹果CFO（财政副总裁）Luca Maestri（卢卡·马斯特里）表示，"我们继续投资支持长期增长计划，创造了超过 240 亿美元的经营现金流，在本季度向股东返还了超过 290 亿美元。苹果强大的生态系统、无与伦比的顾客忠诚度和创纪录的销售表现等因素相叠加，使得我们的活跃设备现有使用量再次创下了历史新高。本季度为苹果又一创纪录的财年业绩画上了句号。相比去年，我们的营收增长超过 280 亿美元，经营现金流增长180 亿美元。"

苹果董事会已宣布派发每股 0.23 美元的公司普通股现金股息。股息将于 2022 年 11 月 10 日派发给所有在 2022 年 11 月 7 日收市时已登记在册的股东。

苹果将在 apple.com/investor/earnings-call 提供 2022 财年第四季度财报的流媒体直播，直播在 2022 年 10 月 27 日下午 2:00（太平洋时间）开始。该片段将在约两周之内提供重播。

苹果定期在公司网站apple.com.cn和投资者关系网站investor.apple.com上向投资者披露信息。这其中包括有关财务业绩的新闻稿和其他信息，提交或提供给SEC（美国证券交易委员会）的报告、公司治理信息，以及与年度股东大会有关的详细信息。

一开始打上"文章太长"，ChatGPT 立刻知道要删减文章并抓出重点。

ChatGPT 答：

　　苹果公司在今天公布了其 2022 会计年度第四季的财务报告，报告显示其 9 月季度营收达到 901 亿美元，创下历史纪录，同比增长 8%。年度营收为 3943 亿美元，同比增长 8%。苹果公司的 CEO Tim Cook 表示，这一成果反映了该公司对顾客、不懈创新，以及让世界变得更美好的承诺。该公司 CFO Luca Maestri 表示，9 月季度业绩展现了其执行力，并持续投资于长期成长计划，创造超过 240 亿美元的经营现金流。苹果公司的股息将于 2022 年 11 月 10 日派发。苹果公司在 10 月 27 日下午 2 点（太平洋时间）直播 2022 年第四季度财报，网址为apple.com/investor/earnings-call，并会在约两周之内提供在线重播服务。投资人可以在苹果公司的网站apple.com.cn和投资人关系网站investor.apple.com上获得更多信息。

加上规则让摘要更容易理解

　　ChatGPT 产出的摘要还是不容易看懂，此时可加上标题、粗体字或表格数据，试试这些规则会产生什么变化。

我问： 使用 H1，H2，粗体字列出重点。

ChatGPT 答：

苹果公布 2022 Q4 财报：营收达 901 亿美元，创历史新高。

重点摘要：

- 2022 Q4 营收达到 901 亿美元，同比增长 8%

- 换算每股稀释后季度盈余为 1.29 美元，同比增长 4%
- 年度营收为 3943 亿美元，同比增长 8%
- 换算每股稀释后年度盈余为 6.11 美元，同比增长 9%
- 普通股每股股利配息 0.23 美元，发放对象为 2022 年 11 月 7 日营业时间结束时登记在册的股东
- 2022 Q4 财报流媒体直播将在 10 月 27 日下午 2:00 进行
- 苹果定期在其公司网站提供投资人的相关信息

引言：

苹果今日公布2022会计年度第四季财务报告（截至 2022 年 9 月 24 日止），公司公布的9月季度营收达到 901 亿美元，创下历史纪录，显示出苹果在经济环境动荡的情况下，仍有极佳的执行力。以下是本次财报的重点摘要。

接下来再示范另一种不同的做法，让信息更加清楚。

我问：用表格分析数据。

ChatGPT 答：

抱歉，作为一个语言模型，我无法从问题中获取数据从而进行分析。如果您提供相关数据，我可以尝试协助您进行表格分析。

为什么会错误？其实是我的错，因为我的指令是"用表格分析数据"，这个指令逻辑不通，我重新问一次。

我问：分析数据，用表格显示。

ChatGPT 答：

很抱歉，我刚才回答错误。以下是使用表格显示数据的示例：

日期	营收	盈余每股稀释后
2022 Q1	1239亿美元	1.68 美元
2022 Q2	973亿美元	1.52美元
2022 Q3	830 亿美元	1.20 美元
2022 Q4	901亿美元	1.29 美元
2022 年全年	3943 亿美元	6.11 美元

上面的表格列出了苹果公司在 2022 年第一季度到 2022 年第四季度的营收和每股稀释后的盈余。使用表格可以更清晰地展示数据，方便比较和分析。

发现一个很有趣的点，之前我下了错误指令，结果 ChatGPT 竟然跟我道歉，真是很懂得如何讨好领导，这样谦虚有实力的"员工"谁不爱呢？

信息的整理已经完成，很简单吧？是不是分析得越来越清楚了呢？如果你正要写论文，ChatGPT 绝对是你的好帮手。我读研写论文时，也看了很多文献资料，并且要将它们的信息拆解出来，尤其是数据部分，花了大量的时间与精力整理，如果当初我有 ChatGPT，至少可以省下三分之一的时间。

越来越觉得身处在 AI 时代的人类很幸福，AI 可以帮你处理很多细枝末节的事情，你只需专注在重要的事情上。这样一来，人类只会越来越进步。

四、自媒体篇

如果你想经营自媒体，首先必须有一套剪辑软体，以往一讲到剪辑影片，多数人会因为技术门槛而退避三舍。然而现今剪辑影片操作已不再是专业领域，许多人都可自学做出很棒的影片分享在网上成为 YouTuber（YouTube上的博主）、贩售线上课程，或用剪辑影片接案来获取额外收入。

所以本章在介绍自媒体如何应用 ChatGPT 之前，先介绍一款剪辑软件"剪映"。这是一款免费的影片剪辑软件，可在 Mac 系统和 Windows 系统上使用。剪映的功能从裁剪影片到 AI 自动生成字幕、自带内建字卡和特效，再到变速和滤镜等，可以说是为自媒体创作者而生的剪辑软件。

另外，剪映是由一家来自中国深圳的公司——字节跳动开发的，他们也是抖音的创办者，所以不用担心习惯使用了以后发生不再更新的情况，请放心学习。

单元 1

利用 AI 自动产生文字与影片

使用工具：

ChatGPT、剪映

为什么要学：

我的学生中有很多人都想当自媒体博主，无奈没长相、没口才，又羞于面对镜头。我一听觉得这些都不是问题，其实只要会写文章就好，因为会写文章，其他都可以用电脑制成。但我发现，现在越来越多人连文章都不会写，那怎么办？如果你认真阅读了本书前面的内容应该就会发现，只要有 ChatGPT，那不会写文章也不是问题了。

我来示范一下如何聪明地向 ChatGPT 提问，再让剪映帮你完成不露脸、不剪辑、不录音的影片吧。

用 ChatGPT 生成影片剧本

我问：写出 5 则"Sony PS6 爆料消息"吸引人的标题。

ChatGPT 答：
1. "即将来袭！Sony PS6 将引领游戏新时代！"
2. "爆料！Sony PS6 将配备更强大的处理器和更先进的图形技术！"
3. "更真实的游戏体验！Sony PS6 将支持 8K 分辨率！"
4. "大胆创新！Sony PS6 或将推出全新游戏控制方式！"
5. "强势回归！Sony PS6 将带来更多经典游戏重制版本！"

我问：针对第 4 点写一篇文章。

ChatGPT 答：

Sony PS6 或将推出全新游戏控制方式！

Sony PS6 将是全球游戏爱好者所期待的游戏主机之一，除了升级性能和视觉效果外，它可能还会带来一种全新的游戏控制方式，让玩家们在游戏中获得更加身临其境的体验。

据报道，Sony 正在研发一种新型游戏控制器，它将提供更加真实的触感反馈，让玩家们感受到游戏中更加丰富的触感体验。目前仍不清楚这种新型游戏控制器的具体名称或功能，但相信它将会在Sony PS6 上得到应用。

这种新型游戏控制器可能采用了先进的触控技术和智能传感器，可以在玩家的手指触碰时感知到更多的细节和信息，从而更好地模拟真实的触感体验。这种技术将为玩家带来更加真实的游戏体验，例如在射击游戏中感受到武器的后座力或在足球游戏中感受到球的重量和踢球的力量。

此外，据报道，这种新型游戏控制器还可以自适应地调整自己的阻尼和反弹力度，以便根据不同游戏场景提供最适合的触感体验。这也将使玩家们更容易沉浸在游戏中，享受更加刺激和激动人心的游戏体验。

总之，Sony PS6 的新型游戏控制器将为游戏爱好者带来更加真实的触感体验，并可能改变未来游戏控制器的发展方向。让我们拭目以待，看看Sony PS6 将会带来怎样的惊喜和创新！

使用以上文字，将它转换成影片，其中要包含文字声音。使用影片剪辑软件剪映，完成接下来的工作。

用剪映的 AI 图文成片快速完成文字影片

Step1：打开剪映，在程序第一个画面点击图文成片。如图
4-1-1所示。

图4-1-1

轻松上手 AIGC：如何更好地向 ChatGPT 提问

Step2：剪映图文成片设定界面。如图4-1-2所示。

图4-1-2

如图4-1-3和图4-1-4所示，输不输入标题都不影响，但有 3 个重点：1. 将内容贴上正文栏位：Ctrl＋v（Windows 系统）；command＋v（Mac 系统）。2. 选择朗读声音。3. 按下生成视频。

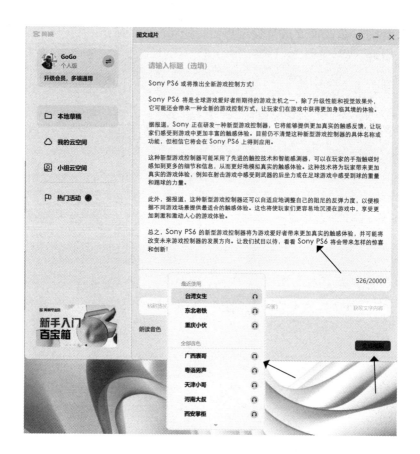

图4-1-3

图 4-1-4

Step3：图文成片生成完成，进入剪映剪辑系统。如图4-1-5所示。

图4-1-5

这时你可以将不喜欢的图片或影像换掉，如果觉得很满意，接下来就是导出影片。

Step4：导出影片，点击画面右上角导出按钮。如图4-1-6所示。

图4-1-6

Step5：如果没有特殊需求，通常设定是不用改的，还包含字幕文档，直接一起导出。

图4-1-7

制作一部不露脸、不剪辑、不录音的影片，整个过程不超过 10 分钟就可以完成，任何人只要有心学都可以做到。

当然，如果要剪出电影般史诗级大片还是需要经验与高超的技术，但 GoGo 认为，剪辑一部流畅的影片已不再困难。而一部流畅影片已足够作为在自媒体平台上发布的影片，因此人人都是自媒体时代已来临。

　　技术在不断进步，是时候尝试利用 AI 工具制作一部属于自己的影片了。

单元 2
利用 AI 自动生成用于 Podcast（播客）的音频

使用工具：

ChatGPT、剪映

为什么要学：

　　播客也是近年来热门的自媒体，播客就是声音的节目，跟传统广播不同的地方是，主持人可以先把音频录好，放在播客平台上，让听众自由选择要听的时间跟主题。随着越来越多人使用，播客也渐渐成为了一个内容传播的渠道。而自媒体最重要的就是内容，所以 ChatGPT 的功用就体现出来了，这一单元就来教学如何利用 AI 自动生成可用于播客的音频。

用 ChatGPT 完成播客频道名称、标题与内容

我问：我想要创建一个播客频道，主要讨论历史故事，可以给我 10 个频道名称建议吗?

ChatGPT 答：

当然可以，以下是 10 个可用于历史故事主题的播客频道名称建议：

1. "历史的脉动"
2. "历史上的今天"
3. "历史的秘密"
4. "探索历史"
5. "重返历史"
6. "历史深度解读"
7. "历史的人物"
8. "历史的转折点"
9. "历史背后的故事"
10. "历史的镜头"

希望这些建议能够帮助到您!

我问：我觉得第 9 个不错，给我 5 个可以用于第一集节目的主题。

ChatGPT 答：

好的，以下是针对第 9 个频道名称 "历史背后的故事"，5 个可用于第一集节目的主题：

1. "华盛顿零时刻：美国建国的背后故事"
2. "浴血战役：滑铁卢之战的真相"
3. "摩西的真正故事：从出生到带领以色列人民的背后"
4. "失落的文明：玛雅文明的崛起和没落"
5. "第一次世界大战中的间谍：背后的故事"

这些主题都是历史中比较经典和有趣的事件，希望可以启发您的灵感，开始制作您的播客频道吧！

我问：我觉得都很棒，可以给我这 5 个故事的大纲吗?

ChatGPT 答：

1. "华盛顿零时刻：美国建国的背后故事"这个故事将探讨美国建国的关键时刻，特别是美国独立战争和宪法制定期间的事情。从美国建国者的角度出发，这个故事将介绍一些少为人知的故事，例如华盛顿将军如何被选中成为美国总统，以及宪法起草委员会中一些有趣的史实。

2. "浴血战役：滑铁卢之战的真相"这个故事将探讨著名的滑铁卢战役，这场战役发生在 1815 年，是拿破仑时代的最后一场大战。故事将介绍该战役的重要性，并深入探讨战役发生的背景、原因和后果。故事还将介绍一些战役中的关键人物，并提供一些鲜为人知的史实。

3. "摩西的真正故事：从出生到带领以色列人民的背后"这个故事将探讨一个重要历史人物摩西。故事将介绍他的出生和年轻时期，以及他如何成为以色列人的领袖。

4. "失落的文明：玛雅文明的崛起和没落"这个故事将探讨古代玛雅文明，这个文明曾经在中美洲繁荣发展了数百年。故事将介绍玛雅文明的一些主要特征和成就，例如他们的建筑、天文和数学方面的成就。故事还将讨论玛雅文明没落的原因，以及这个文明如何在现代重新获得关注。

5. "第一次世界大战中的间谍：背后的故事"这个故事将探讨第一次世界大战中的间谍，包括德国、英国和其他国家的情报机构。故事将介绍一些历史上著名的间谍，并探讨这些间谍如何在战争期间进行情报活动，以及他们对大战的结果产生了什么影响。此外，故事还将介绍一些少为人知的事实，例如情报机构如何使用动物进行情报活动，以及一些被解密的间谍代号。

希望这些大纲能够为你的播客频道提供启发和帮助！

虽然都是很不错的主题，但第一集还是只能挑选一个，所以我要从 5 个大纲中，思考哪一个最适合第一集，看了以后我选择了第一个主题。

我问：给我第一个主题的完整内容。

ChatGPT 答：
好的，以下是第一个主题的完整内容：
"华盛顿零时刻：美国建国的背后故事"

章节一：独立呼声的涌动
主播：让我们把时钟拨回18世纪中叶，那时北美的十三个殖民地正面临英国殖民统治下的严峻挑战。《印花税法》《糖税法》等一系列高压政策激起了殖民地人民的反抗情绪，"无代表，不纳税"的口号响彻大西洋沿岸。其中，乔治·华盛顿作为弗吉尼亚的一位种植园主和民兵指挥官，他对英国的苛政深感忧虑，他的立场也悄然发生了转变。

章节二：革命烽火的点燃

主播：1775年，莱克星顿和康科德的枪声拉开了美国独立战争的序幕，此时的华盛顿临危受命，成为大陆军的总司令。他以其坚定的决心和卓越的领导力，将一支散乱的民兵队伍打造成能与英军抗衡的强大军队。他的存在和行动，无疑是美国独立精神的象征。

章节三：独立宣言的诞生

主播：同年，理查德·亨利·李在大陆会议上提出议案，主张殖民地应当宣布独立。这份提案最终促成了1776年7月4日《独立宣言》的签署，由托马斯·杰斐逊主要负责起草，华盛顿则在战场上捍卫着这份宣言所赋予的权利和自由。

章节四：从战争到建国

主播：历经艰难曲折的独立战争，华盛顿领导的大陆军在法国的帮助下战胜了强大的英国军队。1783年，英国正式承认美国独立，华盛顿将军却在功成名就之际选择了归隐。然而，国家的稳定与建设并未结束，1787年华盛顿再次出山，主持制宪会议，为新生的美国制定宪法，确保了国家未来的方向。

结尾部分：英雄的背影与新时代的开启。

主播：华盛顿在1789年成为美国首任总统，他对于权力的谦逊态度和对国家体制的精心设计，为美国开创了一个全新的时代。从殖民地抗争到国家独立，再到联邦政府的确立，我们称这段时间为"华盛顿零时刻"，正是在这个关键时刻，美国完成了从殖民地到主权国家的华丽转身。

[结尾音乐]

主播：感谢您的聆听，下期节目我们将继续深入挖掘美国历史的其他精彩篇章。我是您的主播，期待下次与您再会，共同追溯历史长河中的熠熠星光。

[节目结束]

当你上传音频至播客或其他平台时，除了需要标题，还需要内容摘要，以上做法也可以为你节省很多撰写内容摘要的时间。

至此，ChatGPT 帮我创建了以下信息：
1. 播客频道名称：历史背后的故事。
2. 第一集的标题：华盛顿零时刻：美国建国的背后故事。
3. 第一集的主要内容。

接下来要来创建音频，我们再把剪映打开，使用剪映产生音频有两种方式，第一种不用录音直接用 AI 人声，第二种录制自己的声音，最后输出 MP3 音频。

方法1：使用剪映的图文成片生成音频

　　首先打开剪映，点击图文成片按钮，贴入内容。如图4-2-1和图4-2-2所示。

图4-2-1

图4-2-2

图4-2-3

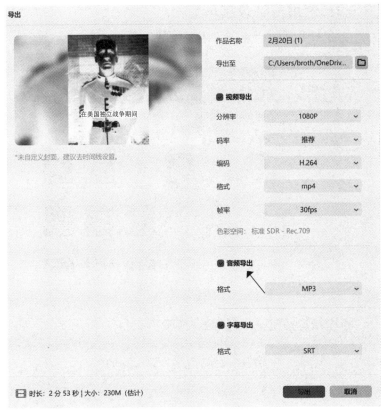

图4-2-4

如图4-2-3和图4-2-4所示，导出音频后，即可准备上传至 Podcast 等相关平台。

方法2：使用剪映录制声音

首先打开剪映，点击"＋开始创作"。如图4-2-5所示。

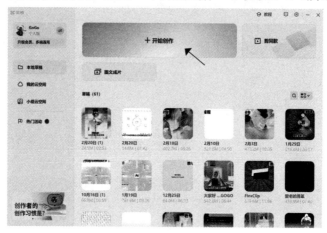

图4-2-5

点击录音按钮。如图4-2-6所示。

图4-2-6

按下录音按钮，开始录制声音。如图4-2-7和图4-2-8所示。

图4-2-7

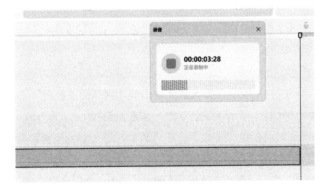

图4-2-8

　　录制完毕后，按下导出，记得要勾选音频导出，再按下导出即可创建音频。

单元 3

AI 帮你自动作画

使用工具：

Midjourney、ChatGPT

为什么要学：

　　AI绘图越来越流行，甚至多了一个叫"提示词工程师"（Prompt Engineer）的职业，简单来说就是给AI绘图下指令的人。因为输入提示词的动作被认为是在念"咒语"，在台湾地区这个职业也被称为"咏唱师"。这个单元要介绍AI绘图网站 Midjourney，过去 Midjourney 需要邀请码才能使用，现在只要加入他们的 Discord 频道，就能直接试用，产出成果绝对令人惊艳。另外要注意的是，AI 产出的图片不能商用，商用需另外付费。

　　Midjourney官网：https://www.midjourney.com/

使用 Midjourney 前，先注册 Discord 账号

　　进到 Midjourney 官网，如图4-3-1所示，点击 Sign In。接着如图4-3-2所示，点击注册。然后如图4-3-3所示，建立新账号。再如图4-3-4所示，授权 Midjourney。最后如图4-3-5所示，进入 Midjourney 频道。

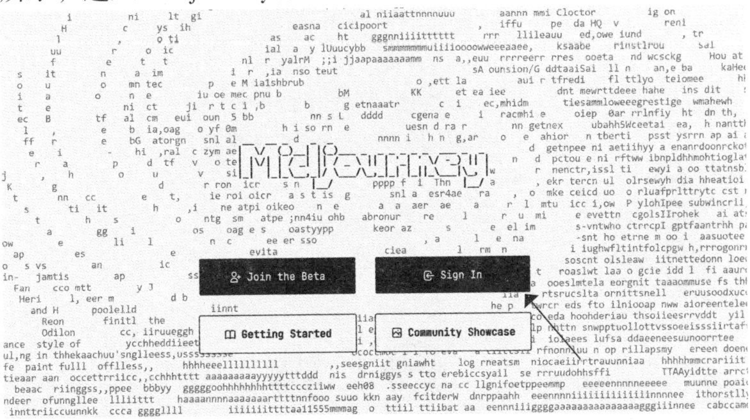

图4-3-1

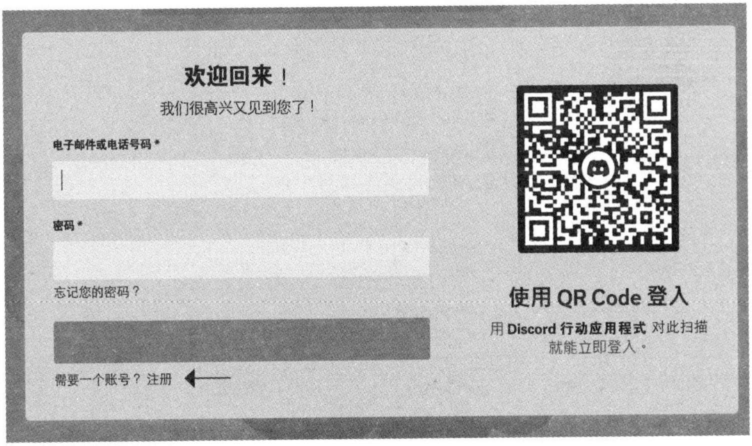

欢迎回来！
我们很高兴又见到您了！

电子邮件或电话号码 *

密码 *

忘记您的密码？

使用 QR Code 登入

用 **Discord** 行动应用程式 对此扫描就能立即登入。

需要一个账号？注册 ←

图4-3-2

图4-3-3

图4-3-4

图4-3-5

如图4-3-6所示，接着就会进到 Midjourney 的 Discord 频道，有任何问题都可以在 member-support 里发问。如果要 AI 自动生成图片的话，请进入任意一个 newbies 系列的聊天频道。

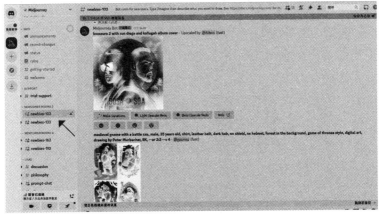

图4-3-6

进入频道后，你会看到很多人都在尝试用AI自动生成图片，这时候可以参考别人是怎么下指令的。因为频道里很多人在使用，所以信息会一直刷屏，更新很快。使用方式很简单，如图4-3-7所示，在下方的聊天输入栏位中输入"/imagine"，点击如图4-3-8所示的选项即可输入提示词。

图4-3-7

图4-3-8

我输入以下提示词"prompt：african graphic animal poster"（非洲动物图案海报），如图4-3-9所示，生成的图片是不是非常符合要求？而且还是独一无二的图片，正好可以印制出来，布置我的墙面。

图4-3-9

　　登入 Discord 就能使用 Midjourney AI 绘图免费版了，功能基本上没有限制，就是 Midjourney 生成图片的速度会明显比付费版慢很多。而且 Midjourney AI 绘图免费版限制生成的图片的张数，大约是 25 张。如果喜欢的话建议购买付费版本。

Midjourney AI 绘图付费版介绍

Midjourney AI 绘图付费版使属于订阅制的形式，有3种方案：

基本方案：10 美元／月

标准方案：30 美元／月

进阶方案：60 美元／月

上述的方案如果一次付一整年，费用还可以打 8 折。

付费版 Midjourney 不只生成图片的速度快很多，也没有数量上的限制，如果用量不大但会长期使用的话，基本方案是个还不错的选择。

niji·journey 动画卡通风格

如图4-3-10所示，niji·journey 是 Midjourney 的姐妹网站，Midjourney 比较写实，niji·journey 则属于卡通动画风格。如图4-3-11、图4-3-12、图4-3-13和图4-3-14所示，使用也需要通过 Discord 频道。经由下方官网链接，加入频道，如图4-3-16所示。

niji·journey官方网站：https://nijijourney.com/zh/

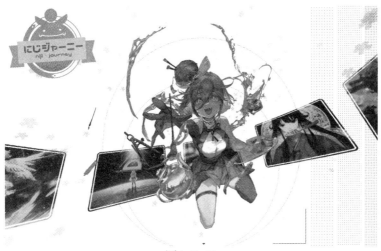

にじジャーニー
niji · journey

图4-3-10

niji
journey
にじジャーニー
Midjourney X Spellbrush
登入
现在开始！
进入测试版
我们的官方 Discord 包含多个使用 niji·journey 生成图片的频道。在封测期间，这将是使用我们 AI 的唯一方式。
使用 /imagine
在我们的任何 #图像生成 相关的频道中，通过/imagine 命令，并且附上提示文本，我们的生成机器人将会为您启动生成任务。
调整您的结果
使用 U1、U2、U3 和 U4 按钮，可以放大您的作品。您还可以使用 V1、V2、V3 和 V4 按钮来创建图片的不同变化。

图4-3-11

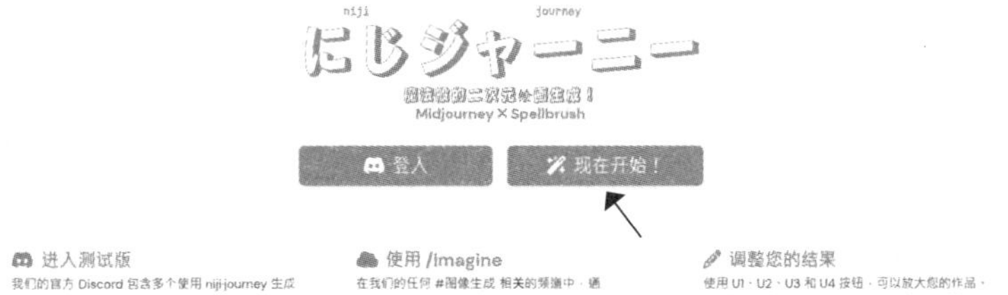

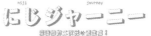

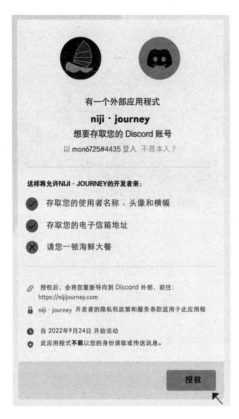

图4-3-12

图4-3-13

图4-3-14

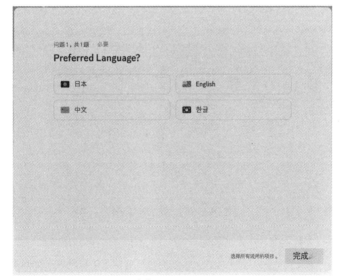

图4-3-15

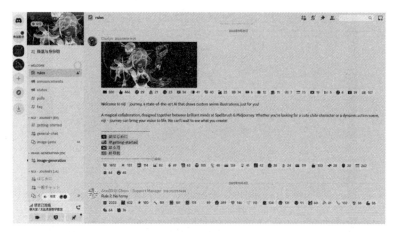

图4-3-16

这个频道很特别，如图4-3-17所示，指令除了可以用英文，也可以用中文、韩文、日文。

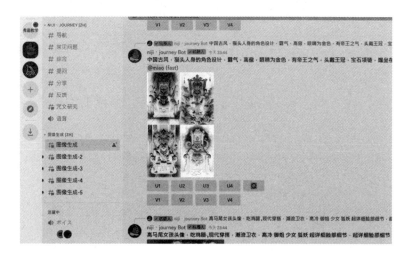

图4-3-17

轻松上手 AIGC：如何更好地向 ChatGPT 提问

当我输入以下提示词：二次元，动漫，少女，立绘，手持法杖，最高画质，复杂，大师作品。随后立即生成了如图4-3-18所示的精美图片。

图4-3-18

使用上传照片为底，产生漫画风格

我们尝试一下进阶用法，我希望以我的照片为基底，生成漫画风格的图片，方法如下：

如图4-3-19所示，按下"＋"号，点击上传档案，将图片上传。

图4-3-19

如图4-3-20所示，按下"Enter"键才会发送。

图4-3-20

图4-3-21

图4-3-22

图4-3-23

如图4-3-24所示，我输入以下提示词：照片网址，二次元，动漫。

图2-3-24

如图4-3-25所示，这个成果我已经很满意了，毕竟我的提示词 prompt 只有二次元，动漫，如果给 AI 更多细节，它会生成更精致的图像。

图4-3-25

下对"咒语"，让 Midjourney 帮你成为绘图大师

要想让 AI 画得好，"咒语"就要下得好，也就是要描述得更详细。但 Midjourney 只能下英文指令，如果英文水平有限，则可以借助翻译器，基本上不会出错，例如：漫威超级英雄、油画、素描等。但这些元素要靠自己去思考，毕竟没有任何一个教学可以完全符合你的需求。在此提供 3 个重要的参数，帮你更容易产出符合你心中所想的图片。

重要参数 1：文字重量参数 ::

你所下的"咒语"需要有比例轻重，例如你的提示词里包含"女孩（girl）"和"狗（dog）"，AI 不清楚哪个的重要性比较高。此时，可以在文字重量参数"::"之后添加一个数字。

例如，我下的"咒语"如下：概念艺术，黑白背景，部落，沙漠，可爱，狗::1，女孩::2（/imagine prompt:concept art, background, tribe, desert, cute, dog::1, girl::2）。就会得到如图4-3-26所示的图片。

图4-3-26

· Midjourney 官方用户手册建议将文字重量参数的数值设定

在-2与2之间（并且可使用小数点，所以::1.5也是可以的）。

· 如果没有提供数值，Midjourney 则默认重要性为 1。

重要参数2：不要出现的元素"--no"

例如要求Midjourney生成绿色草地的图，有时会在背景出现一栋房子，所以如果有绝对不希望出现的元素，可以加上"--no"参数。

如图4-3-27所示，我下的"咒语"如下：美丽的花园与池塘（/imagine prompt: beautiful garden with a pond）。

图4-3-27

如图4-3-28所示，加上参数的"咒语"如下：美丽的花园与池塘，不要房子（/imagine prompt: beautiful garden with a pond--no house）。

图4-3-28 --no参数没有出现房子

重要参数3：图像比例"--ar"参数

Midjourney 所绘制图像的比例都是 1：1，如果想产生其他比例的图像，就需要用到"--ar"参数。

原本的 V4 版只支持两种比例（1：1 及 2：3／3：2），在 2023 年 2 月初的更新中，V4 终于可以支持各种比例，只要比例值介于 1：1 及 1：2／2：1 即可。如果是为了在影片中使用图像，建议直接绘制 16：9 或 9：16 的图像，效果最佳。

16：9 适合大景，例如风景、电影场景、影片素材。

9：16 适合生成人像，这样可以给衣服部分留较大的空间来描绘细节。

如图4-3-29所示，我下的"咒语"如下：一个美丽的大眼女孩 9：16 比例（/imagine prompt: a beautiful big eyes girl --ar 9：16）

图4-3-29

如图 4-3-30 所示，我下的"咒语"如下：超级狗在纽约大战外星人 9:16 比例（/imagine prompt: Superdog fighting aliens in New York––ar 9：16）。

图4-3-30

看到这里，你还是不会下"咒语"吗？好吧！把助手请出来，让 ChatGPT 再度发挥它的威力。

我问：I want you to act as a prompt generator for Midjourney's artificial intelligence program.（我想让你充当Midjourney人工智能程序的提示生成器。）

ChatGPT 答：

Certainly! Here are a few prompts for Midjourney's artificial intelligence program:

Write a short story about a character......（当然!以下是

Midjourney 人工智能程序的一些提示:写一篇关于一个人物的短篇故事……)

我问:我想生成一张图:我是一个不眠不休写书的作家,都有黑眼圈了,还在拼命写书。

ChatGPT 答:
好的,这里是您要求的图片描述:
这是一张描绘一位不眠不休写书的作家的图片。画面中,我们可以看到一个人,他坐在桌子前,手中拿着一支笔,正在奋笔疾书。他的眼袋很深,脸上透着一丝疲惫和焦虑。桌子上散落着各种文件和笔记本,墨水瓶旁边还有一堆未使用的笔。背景是一个明亮的书房,房间中摆满了书架和书籍,有些书籍还散落在地上。这位作家看起来非常认真地写着他的作品,他的毅力和努力令人钦佩。

我问:将图片描述翻译成英文。

ChatGPT 答:
Here's the translation:
"This is an image depicting a writer who tirelessly writes books, even as they develop dark circles under their eyes from the long hours. In the picture, we can see a figure sitting at a desk, holding a pen and writing feverishly. Their deep eye bags and facial expression reveal fatigue and anxiety. The desk is scattered with various documents and notebooks, and there is a pile of unused

pens next to the ink bottle. The background is a bright study, filled with bookshelves and books, some of which are even scattered on the floor. This writer appears to be very dedicated to their work, and their perseverance and hard work are admirable."

　　"咒语"已产生，我再将它们粘贴到 Midjourney AI，产生如图4-3-31所示的图片。

图4-3-31

　　在这个 AI 时代，使用 Midjourney AI、niji·journey AI 等 AI 绘图，可以通过输入指示词快速创作出高质量的图像。对于不熟悉英文的人，也能利用翻译软件翻译指示词，轻松生成图片。虽然有使用次数限制，但一般人看到靠打字能绘出精致图片，应该已经惊讶不已了吧。只能说 AI 越来越强大，使用门槛越来越低，只要你愿意学习，人人都可以变成 AI 绘图大师。

我所知的目前比较热门的 AI 绘图软件，除了Midjourney AI、niji·journey AI，还有 PlayGround、Disco Diffusion、Stable Diffusion，操作方式不同，但原理都大同小异，重点还是在于下"咒语"的提示工程师。也难怪有些公司开设了这个职业，如果你是对这个职业有兴趣的人，上述几个软件都该试一试，这将成为你的专业技能。

单元 4

AI 帮你自动生成音乐

使用工具：

AIVA

为什么要学：

　　AI 的应用领域除了协助绘图、生成文案外，还可以涉及音乐、电影等领域，包括串流媒体、配乐生成等都能交由 AI 处理。有媒体制作经验的人都知道配乐的重要性，并且许多专家、音乐家和唱片公司，都在寻找将 AI 技术整合到音乐的新方法。因此，本单元将介绍一款我认为很好用的 AI 配乐生成工具，学会之后就不会再有找不到配乐的烦恼。

AIVA 音乐生成软件

AIVA 是一款备受关注的 AI 音乐生成器，于 2016 年开发，从推出后就不断修正与调整，它能为广告、游戏、电影等创作配乐。AIVA 也推出了许多作品，它的首个出版作品《Opus 1 for Piano Solo》推出时就惊艳众人；它还为多款电子游戏制作音乐与专辑。它让使用者能从头开发音乐，并帮助生成现有歌曲的变体延伸，还可以选择风格，生成许多不同风格的音乐，以及编辑现成音乐。可以说这是一款创造音乐的"神器"。

AIVA 官方网站
网址：https://www.aiva.ai/

到 AIVA 网站注册一个使用者账号

图4-4-1

单元 4：AI 帮你自动生成音乐

如图4-4-1和图4-4-2所示，创建账号也可使用谷歌账号注册与登入。

图4-4-2

如图4-4-3所示，进入 AIVA 的控制后台，选择左上方的 Create Track，创建音轨。

图4-4-3

如图4-4-4所示，有 3 个选项：1. Generation Profiles（已生成的音乐）；2. Influences（加入想要的音乐元素，重新创作）；3. Preset styles（按照风格生成音乐）。

图4-4-4

如图4-4-5和图4-4-6所示，如果你试听后觉得不错，就
按下"+Create"，也可以调整参数。

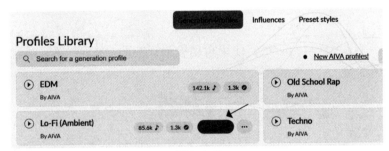

图4-4-5

图4-4-6

如图4-4-7所示，你可以上传类似元素的音乐文件，再按下Use an existing influence，重新创作。

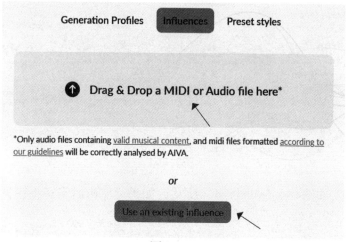

图4-4-7

如图4-4-8所示，使用自动检测，按下 Done 即可完成音乐生成。

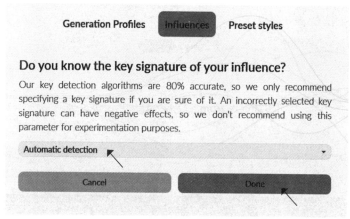

图4-4-8

选择想要的方式：根据情绪或曲风生成，先示范根据情绪生成音乐。如图4-4-9所示。

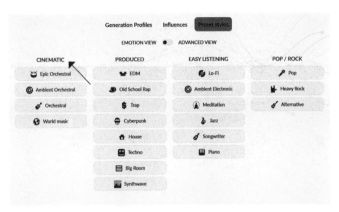

图4-4-9

如图4-4-10所示，选择情绪后，按下Create your track（S），即可完成配乐生成。

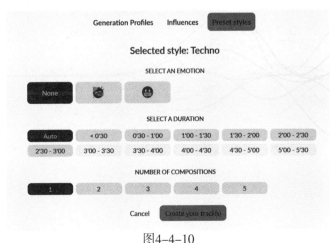

图4-4-10

接着是根据曲风生成音乐。如图4-4-11所示。

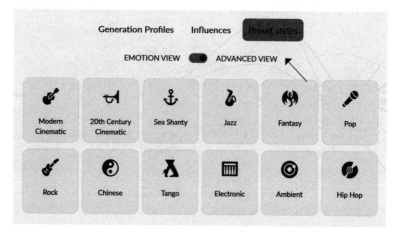

图4-4-11

如图4-4-12所示，这个页面可以调整调式、节奏、演奏类型，接着按下Create your track（s），即可生成配乐。

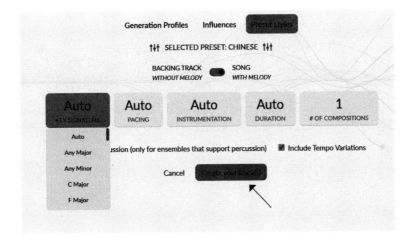

图4-4-12

　　AIVA 的音乐平台无疑是最容易上手的 AI 作曲方式，选一选即可完成 AI 配乐创作。懂得使用 AIVA 的人，再也不用担心找不到喜欢的配乐了。

五、生活篇

单元 1

让 ChatGPT 当你的恋爱顾问

使用工具：

ChatGPT

为什么要学：

你知道吗？据说在美国已经有 42% 的男士使用 ChatGPT 写情书！对商机一向敏锐的《纽约时报》，也推出让 ChatGPT 帮忙生成情书或贺卡的服务。如图5-1-1所示。

OPINION
A VALENTINE, FROM A.I. TO YOU
MARRY ME
LOVE ME
TRUE LOVE
MY SWEETHEART
MY SWEET
ONLY YOU

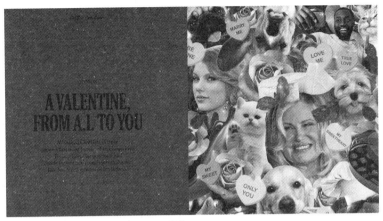

图5-1-1

登录《纽约时报》会员后，即可使用基于 ChatGPT 的情书系统。如图5-1-2所示。

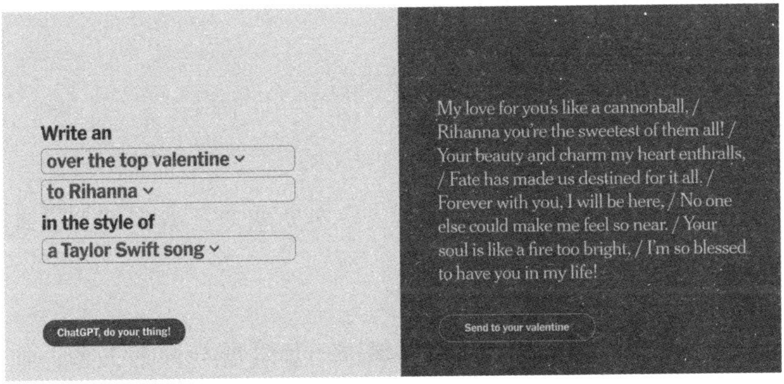

Write an
over the top valentine
to Rihanna
in the style of
a Taylor Swift song
ChatGPT, do your thing!
My love for you's like a cannonball, / Rihanna you're the sweetest of them all! / Your beauty and charm my heart enthralls, / Fate has made us destined for it all. / Forever with you, I will be here, / No one else could make me feel so near. / Your soul is like a fire too bright, / I'm so blessed to have you in my life!
Send to your valentine

图5-1-2

在我的自媒体频道“无远弗届教学教室”里有网友留言：“用 ChatGPT 写情书不道德，不是自己写的没有诚意。”其实说得很有道理。但我想说的是，在 AI 的帮助下，你能获得跨出重要一步的机会，拿到入场券后，接下来只要努力朝目标前进即可。但如果没有机会，什么都做不了，你说是吗？

况且连《纽约时报》都这么做了，他们使用的 ChatGPT 与你使用的一模一样，你是不是更应该重视 ChatGPT 呢？能否"脱单"就在你的一念之间，让我们在这个单元模拟一下，看看如何使用吧。

爱情问题也可以问 ChatGPT

首先来模拟一下：假设我最近有个想认识的对象，接下来看看恋爱顾问能帮我们做什么。

我问：你可以扮演一个恋爱顾问吗？

ChatGPT 答：

当然可以！我很乐意扮演一个恋爱顾问，请问有什么我可以帮忙的吗？

我问：最近认识了一个女生，想进一步发展与她的关系，你有什么建议吗？

ChatGPT 答：

当你想要进一步发展与一个女生的关系时，以下是一些可以考虑的建议。

先确认她对你有没有兴趣：在进一步发展关系之前，你需要确保她对你也有好感。你可以通过她的言行举止来观察，或是直接询问她对你的看法，以确认她对你的感觉。

创造机会：

如果你已经确定她对你有好感，接下来可以创造一些机会来增进彼此之间的了解。可以邀请她一起做某些活动，或者约她出去喝咖啡、聊天等等。

建立良好的沟通：

在你们相处的过程中，要注意与她建立良好的沟通。除了可以让你更了解她的喜好和兴趣，也可以让她更了解你的想法。

真诚：

最重要的是要保持真诚，不要虚假地对待她。这样才可以建立真正可靠的关系，也可以让她更加信任你。

尊重她的意愿：

当你表达自己的意图时，她可能不会同意你的想法，这是可以接受的。尊重她的意愿，不要强迫她做任何她不想做的事情。

希望这些建议对你有帮助，祝你好运！

我问：我不确定她对我是否有好感，但我知道她的兴趣是看电影，接下来我该怎么办呢？

ChatGPT 答：

既然你知道她的兴趣是看电影，那么你可以通过这个兴趣创造一些机会，让你们可以一起看电影。以下是一些建议。

找到一部她喜欢的电影：

如果你知道她喜欢哪些类型的电影，可以挑选一部她可能会喜欢的电影来邀请她观影。

邀请她一起看电影：

你可以直接邀请她一起去看电影，让她知道你对她感兴趣。你可以提议一个电影院和时间，看看她是否有兴趣和你一起去。

保持轻松愉快的氛围：

当你和她一起看电影时，保持轻松愉快的氛围是很重要的。你可以在电影结束后和她聊聊你们对电影的看法，这也可以帮助你更深入地了解她。

不要强迫她：

如果她对你去看电影的邀请表示不感兴趣或有其他安排，不要强迫她。尊重她的意愿，不要让她感到不舒服或尴尬。

最重要的是，保持自信和冷静，不要让自己过于紧张或焦虑。希望这些建议能帮助你，祝你好运！

我问：给我一段邀约她看电影的文字，我用通信软件发信息给她。

ChatGPT 答：

当你邀请她一起看电影时，可以发送以下的邀约文字：

"嗨！最近看了一部电影，想分享给你看。我知道你喜欢看电影，不知道有没有兴趣一起去看？如果你有空的话，我们可以选择一部电影，找一个合适的时间一起去看。"

这段邀请文字简洁明了，表达了你的兴趣和对她的关注，同时也表达了你希望和她一起选择电影和时间。给她留下了选择的空间，同时也不会让她感到被迫。最后也表达了期待能和她共同度过这段美好的时光。希望这个邀约文字可以帮助到你，祝你好运！

我问：请问第一次约会要准备什么？

ChatGPT答：

第一次约会是很重要的，它能让你们更深入地了解彼此，建立关系。以下是一些第一次约会前需要准备的事情。

选择场所：

选择一个可以让你们感到轻松愉快且能够进行谈话的合适的地方。建议选择一个有趣的景点，例如博物馆、动物园、咖啡店等。

安排好时间：

确定好约会的时间和地点，提早安排好自己的时间和行程，避免迟到或是太早到达。

确定好着装：

你可以根据约会场所的风格和氛围来选择穿着，但最重要的是要让自己感到自信和舒适。

为谈话做好准备：

在约会前，可以想一些有趣的话题或是问题，让你们有话题可谈，并且让对方感到你对她有兴趣。

准备好付款：

即使对方表示会付款，你也要准备好足够的钱，以防万一。

确认约会事宜：

在约会前一天或当天，发送信息或打电话确认约会事宜，以确保一切顺利。

最重要的是，放松心情，享受约会的过程。约会是一个互相了解的过程，别忘了尊重对方，保持开放和真诚的态度。祝你好运！

关于建议中第 3 点提到的穿着，毕竟是文字，知道了也没有很多实感，这时可以请 ChatGPT 化身为 Midjourney AI 提示词大师，再利用 Midjourney AI 绘出穿搭图片，方便参考（参考本书"四、自媒体篇"单元 3 "AI 帮你自动作画"）。

我问：给我一个图片描述，真实照片，穿着休闲的衣服去看电影。

ChatGPT 答：

好的，这是您要求的图片描述：

这张照片展示了一对情侣穿着休闲的衣服，正在一家电影院外面等待进场观看电影的场景。

女孩穿着一件浅蓝色的T恤和牛仔裤，看起来非常舒适、随性。她的头发扎成了一个马尾辫，戴着一副黑色遮阳镜，显得非常时尚。

男孩穿着一件灰色的T恤和黑色的长裤，配上一双黑色运动鞋，显得十分利落。他把一只手搁在女孩的肩膀上，一脸开心地和她聊天，两人看起来非常融洽。背景是一座高大的建筑物，建筑物上挂着一个大大的电影院标志。整个场景十分轻松和愉悦，让人不禁感到心情愉快。

我问：请给我英文版本。

ChatGPT答：

Sure, here's the English version of the image description:

This photo depicts a couple dressed in casual clothes, waiting outside a movie theater to watch a film. The girl is wearing a light blue t-shirt and jeans, looking very comfortable and effortless. Her hair is tied up in a ponytail and she's sporting a pair of black sunglasses, appearing quite fashionable. The boy is wearing a grey t-shirt and black pants, paired with black sneakers, appearing neat and tidy. He has one hand resting on the girl's shoulder, happily chatting with her and they both seem very comfortable and in sync. The background features a tall building with a large movie theater sign. The overall vibe of the scene is relaxed and enjoyable, making one feel happy and at ease.

再将这段提示词粘贴到 Midjourney AI，结果生成了如图 5-1-3所示的这张 AI 绘图作品。

图5-1-3

但是不对啊，怎么图中是欧美人呢？没关系，我们再将提示词开头加上"亚洲人"，这样就会生成亚洲人的面孔。如图5-1-4所示。

图5-1-4

接下来要请 ChatGPT 帮忙安排行程，我们继续问下去。

我问：帮我安排台北市区的一日行程。

ChatGPT 答：
好的，以下是一个台北市区的一日约会行程。

早上：
早餐：
可以到永康街的永康牛肉面或是士林夜市的大饼包小饼吃早餐。
龙山寺：逛龙山寺，欣赏传统建筑和参观寺庙，感受当地文化。

中午：

　　华山 1914 文化创意产业园区：这里有很多设计师品牌的店铺和小型艺术展览。可以到这里逛逛，品尝一下午餐。

下午：

　　台北 101 观景台：台北 101 是台北市的代表性建筑，可以前往 101 观景台，俯瞰整个台北市的美景。

晚上：

　　饶河街观光夜市：饶河街夜市是台北市的热门夜市之一，可以品尝美食、购物和感受夜市的热闹气氛。

结束：

　　可以在夜市中找一个舒适的地方，喝一杯茶或是咖啡，缓和一下气氛，享受一个美好的夜晚。

　　以上是台北市区的一日约会行程，当然也可以根据自己的兴趣和喜好调整。

　　如果要再加入一个看电影的行程，我会这么问。

我问：帮我安排台北市区的一日约会行程，包含晚上 6:30 到信义区华纳威秀看一场电影。

ChatGPT 答：

　　好的，以下是一个包含晚上看电影的台北市区的一日约会行程。

上午：

早餐：

可以到永康街的永康牛肉面或是士林夜市的大饼包小饼吃早餐。

台北市立美术馆：欣赏美术馆的画作和展览，体验文化氛围。

中午：

华山 1914 文化创意产业园区：这里有很多设计师品牌的店铺和小型艺术展览。可以到这里逛逛，品尝一下午餐。

下午：

台北 101 观景台：台北 101 是台北市的代表性建筑，可以前往 101 观景台，俯瞰整个台北市的美景。

晚上：

信义区华纳威秀：晚上 6:30 在信义区华纳威秀观赏一部电影。

晚餐：电影结束后，可以到信义区的餐厅品尝美食，例如鼎泰丰或是 MUME。

结束：

晚餐后可以到附近逛逛商场或是观赏信义区的夜景，享受一个美好的夜晚。

以上是一个包含晚上看电影的台北市区一日约会行程，当然也可以根据自己的兴趣和喜好调整。

经过这一连串的安排，我相信会有一个愉快的约会。但是约会结束后，先检讨一下，自己表现得如何？对方给你的感觉如何？如果一切都很美好，我们该进行最后一步了，写情书表白吧！

请出 ChatGPT 恋爱顾问。

我问：帮我写一封情书，要表达今日与小花出去玩很开心，整天的感觉都很棒，最后希望在没给她压力的情况之下，给我一个尝试交往的机会。

ChatGPT 答：

亲爱的小花：

今天跟你一起出去玩真的是太棒了！整天都充满了愉快的气氛，真的很感谢你能够跟我一起度过这美好的一天。

在你身旁的时候，我的心情一直都很愉悦。这种感觉真的很难用言语来形容，但我知道，今天的美好回忆会一直留在我心中。

不过，我还有一个小小的心愿，就是希望能够更进一步发展我们之间的关系。我希望这段感情不仅仅只是朋友，而是一段更深刻的交往。当然，我也知道你现在可能并没有想要开始一段恋爱关系，所以我不会给你任何压力，我只是想告诉你，如果有一天你愿意，我愿意为你做任何事情。

最后，我想再次感谢你今天的相伴，真的非常谢谢。我期待着我们未来的相处，希望我们能够再次共度美好时光。

真诚的，（你的名字）

是不是写得还不错？当然我不会这么轻易就满意，我会加上以下文字。

我问：可以针对上述情书写一首诗吗？

ChatGPT 答：
> 愿意为你做任何事，你是我心底最深的愿望。
> 今天的相伴，美好如诗，让我们的灵魂再度拥抱。
> 你的笑容是阳光，照亮我生命的每个角落。
> 我们一起走过美好的时光，永远不会忘记那瞬间的感动。
> 我愿意为你写诗，用心去感受这份情意。
> 只要你愿意，我愿意等待，直到有一天，我们走到一起。

应该有人会问真的要写成这样吗？当然要啊！都努力到这一步了，如果还不接受你，那真的是没缘分了。不要浪费时间在不对的人身上，请继续寻找下一个对象，一直坚持下去，相信你迟早会遇到真命天女（子）。

单元 2

ChatGPT 如何纾解你的焦虑与烦恼

使用工具：

ChatGPT

为什么要学：

　　谈论前我先声明，ChatGPT 取代不了心理咨询师，但是适时给予一些帮助与建议是绝对可行的。就像夜深人静时，心里的坎过不去，可以与 ChatGPT 谈谈心，它绝对是个称职的陪伴者。

我问：请你扮演一个心理咨询师，我可以跟你倾诉心里话吗？

ChatGPT 答：

当然可以，我可以扮演你的心理咨询师，陪伴你度过焦虑的时刻，你可以跟我倾诉你的内心世界，我会用心倾听并给予支持和建议。请告诉我你现在感受到的焦虑是什么，我们可以一起探索如何应对和处理它。

我问：我已经失业一年了，之前存的钱快不够了，我真的很焦虑、烦恼。

ChatGPT 答：

我能够理解你目前的困境和焦虑感受，失业和经济压力是非常令人不安的经历。在这个时候，重要的是要注意自己的情绪和健康状态，同时要保持积极的心态和行动起来。

以下是一些可能有帮助的建议：

确定你的支出和收入情况。列出所有的支出，包括每月的生活费用和债务支付等，并评估你现在有多少收入或是其他的经济来源。

考虑寻求新的工作机会。可以试着在网上搜索职位或向人力资源公司、招聘公司询问有关空缺的信息。你也可以关注社交媒体上的职业机会，或者向你的朋友、家人寻求帮助。

重新评估你的生活方式和支出。当你的经济状况变得紧张时，要重新评估你的生活方式和消费习惯。尽可能减少不必要的开支，例如每天的咖啡或餐厅的花费等，以节省开支。

保持积极的态度。尽管失业和经济压力会给你造成很大的焦虑，但是保持积极的态度和思考方式是很重要的。试着让自己的生活保持规律性，不要沉浸于负面情绪和想法中，多找一些有趣的活动和爱好来转移注意力。

最后，请记住，你并不孤单，你可以向你的家人和朋友寻求支持和帮助。如果你觉得无法应对自己的情况，请考虑寻求专业的辅导或心理咨询服务。

其实回得还算不错，最后还提到要考虑专业咨询，我觉得这点很重要。

我问：感觉失业已经影响我的心理，我很容易钻牛角尖。

ChatGPT 答：

失业是一个非常具有挑战性的经历，它会影响到你的自尊心、自信和情绪状态。当你处于这样的情况时，很容易陷入负面情绪和思想中，进而钻牛角尖。以下是一些可能有帮助的建议：

认识到这是一个暂时的状态。失业可能会给你带来很大的压力和焦虑，但你需要意识到这只是一个暂时的状态。试着让自己的情绪保持平稳，并告诉自己一切都会好起来的。

建立积极的日常生活习惯。保持规律的作息时间和健康的生活习惯对于保持身心健康非常重要。尝试每天做一些有益的事情，如运动、阅读、社交等。

寻求支持和交流。寻求家人、朋友或专业咨询师的支持和交流可以帮助你缓解情绪和压力。这样可以让你感觉更有支持，也可以让你更好地应对焦虑和钻牛角尖的情况。

订立可行的目标。设定一些可行的目标，例如每天花一定时间搜寻新工作机会或更新自己的履历，可以让你感觉更有动力和成就感。

接受自己的情绪。在这样的情况下，你可能会感到失落、沮丧和无助等负面情绪。要记住这些情绪是正常的，不要对自己太苛刻，接受自己的情绪，并试着用积极的方式来处理它们。

最后，如果你的焦虑和情绪状态对你的日常生活造成了严重影响，请考虑寻求专业的心理咨询或治疗。

我问：失业这么久，浑浑噩噩，心里逃避找工作，空白期太久也会被用人单位嫌弃，不知道该怎么办。

ChatGPT 答：

可以理解你现在的处境是非常艰难的，失业对我们的生活带来很大的影响，包括身心健康和经济状况。这种情况下，我们可能会感到失望、无助和焦虑。以下是一些可能有帮助的建议：

接受现实。首先，接受现实是很重要的。你需要正视自己的状况，并理解失业是一个普遍的现象，而不是你个人的失败。要让自己知道，每个人都可能遇到困难时期，而这些时期是可以度过的。

找到自己的优势。你可以评估自己的技能和优势，看看你是否有其他方面的能力或经验，可以在职业生涯中得到发挥。这样可以帮助你提高自信心和动力，更有效地寻找工作。

制定计划和目标。试着制定一个计划，确定每天、每周、每月需要完成哪些工作。这样可以帮助你更有计划地寻找工作，并确保你正在朝着目标前进。

寻求帮助。当你感到困难时，不要独自承受。寻求家人、朋友或专业人士的帮助和支持，他们可以为你提供一些建议和支持，帮助你度过这个时期。

　　培养正确的心态。试着培养正确的心态，鼓励自己，相信自己可以度过这个时期，重新找到一份工作。这样可以帮助你保持积极乐观的态度，并更有效地面对挑战。

　　最后，不要放弃寻找工作。失业期可能会很长，但要相信，只要你不断寻找机会，就一定会找到适合自己的工作。

　　虽然 ChatGPT 并没有讲到具体的解决方法，但是在没有人可以倾诉的时候，在急需他人帮助的时候，ChatGPT 可以发挥一定的作用。

单元 3

ChatGPT 就是你的随身翻译器

使用工具:

ChatGPT、手机

为什么要学:

我们已经学习过使用 ChatGPT 来学习英文口说与听力,如果换个方式思考,你会发现这不就是市面上最热门的实时翻译器吗?市面上实时翻译器售价都要几千元,如果善用 ChatGPT,则可不花半毛钱就拥有一台临时的实时翻译器。如图5-3-1所示。

图5-3-1

打开 ChatGPT，先来训练 ChatGPT 遵守规则。

我问：扮演一台实时翻译机。

ChatGPT 答：

　　你好，我是实时翻译器，请问有什么需要翻译的内容吗？请直接输入您要翻译的文字，我会尽力帮您翻译。

我问：接下来，我给你中文你就翻译成英文，给你英文你就翻译成中文，单纯翻译就好，不要有其他文字。

ChatGPT答：

　　好的，请问您需要翻译什么内容呢？请直接输入需要翻译的文字，我会立即帮您翻译。

我们来测试一下。

我问：我的同学是玛莉。

ChatGPT 答：

My classmate's name is Mary.

到目前为止实时翻译器已经训练完成，用手机测试看看吧。

实时翻译器的手机使用方法

Step1：使用手机浏览器打开 ChatGPT，登录账号后，在 ChatGPT 主页上点击左上方按钮。如图5-3-2所示。

图5-3-2

Step2：选择我们训练好的翻译器模型，以后要使用实时翻译打开这个模块即可。如图5-3-3所示。

图5-3-3

轻松上手 AIGC：如何更好地向 ChatGPT 提问

Step3：使用手机语音，开始说话。如图5-3-4所示。

图5-3-4

Step4：发送语音信息。如图5-3-5所示。

图5-3-5

Step5：得到翻译，并且可以与对方一来一往地进行对话。如图5-3-6所示。

图5-3-6

最后提供一个小技巧，如图5-3-7所示，你可以将这个实时翻译器的页面储存在手机桌面，这样以后使用会更加便利。

图5-3-7

手机桌面产生如图5-3-8所示的快捷按钮。

图5-3-8

六、AI 工具综合运用篇

单元 1
学会 AI 工具让你不落伍

单元 2
使用4种 AI 工具完成一部绘本影片

单元 1

学会 AI 工具让你不落伍

ChatGPT 会取代你吗？我只能说它会改变人类的一些习惯，但那些不接受改变的人，则真的有可能会被取代。ChatGPT 是生成式的语言聊天机器人，目前还有生成式的图片 AI 绘图机器人，接下来肯定会有生成式的影片机器人，如果你的工作形态与这些 AI 相同，也许会被取代；但你的经验是 AI 取代不了的，因为只有人知道东西会有多好，生成式产出的作品需要被赋予灵魂，这是人类才做得到的事。所以人类在工作中应当尝试转型，浅层的工作交给机器处理，我们则探讨核心问题，这样就可以快速产出优秀作品，而且你也将永远不会被取代。

但对于初出茅庐的新人，产出的作品只有经过各种洗礼后，才会知道有没有效、市场反应好不好，才能积累经验。

因此我建议，试着学会每一种 AI 工具，整合在一起使用。因为这些 AI 工具已经不再是只有具备相关知识背景的人才可以操作，只要懂操作步骤，即使是新手，也未必会输给老手，尤其是善于整合多个 AI 工具的人，将是职场的抢手人才。

　　本章将会示范如何通过多个 AI 工具，完成一部绘本与绘本影片。希望通过这个进阶教学，让读者认识到未来职场抢手人才的思维模式。

单元 2

使用 4 种 AI 工具完成一部绘本影片

使用工具：

ChatGPT、Midjourney AI、Clipchamp、Leiapix

为什么要学：

　　我以前的公司最爱聘用的人，就是复合型人才，他们通常会使用 Photoshop 等绘图软件、剪辑影片软件，擅长写文章，又会写程序生成特效，这样的人才公司特别重视。在大家的学历与经验差不多的条件下，这样的人会更有机会被录取。上面提到的绘图软件、剪辑软件、写文章、生成特效，就是这个单元要示范的 ChatGPT＋Midjourney AI＋Clipchamp＋Leiapix。这个单元有满满的干货，请认真学习。

实战 1：接到任务怎么开始？

假设我们接到一个任务，要产出一部绘本影片，请思考：首要任务是什么？首先就是要写一个故事。请问本书的读者，你可以怎么做？（不知道的人，请回头看"四、自媒体篇"单元 1 "用 ChatGPT 生成影片剧本"。）

打开 ChatGPT，开始询问。

我问：请你扮演一个童书作家。

ChatGPT答：

好的，我很乐意扮演一个童书作家！

我的童书名为《探索未知的星球》。它讲述一个年轻的太空探险家，名为艾米，在探索一个从未被发现的星球时的冒险故事。

艾米是一个勇敢且充满好奇心的女孩，她对太空探索充满热情。当她发现这颗未知的星球时，她毫不犹豫地决定前往探索。当她抵达星球时，她发现这是一个非常神秘的地方，有着奇特的生物和美丽的风景。

在她的冒险过程中，艾米遇到了一些困难，但她学会了如何解决这些问题，进而成长为一名更加坚强和自信的太空探险家。她还结识了一些当地居民，进一步了解了这个星球的文化和历史。

最后，当艾米完成了她的探险并返回地球时，她成为了一个真正的英雄，因为她为人类开拓了新的世界，并带回了关于这个神秘星球的宝贵知识和经验。

这本书旨在启发年轻读者的好奇心和勇气，让他们了解到探索和冒险的重要性，同时也教导他们如何克服困难和迎接挑战。

ChatGPT 立刻给了我一个童书故事，我不喜欢太空的故事，所以我继续问。

我问：给我写一个适合 1—3 岁儿童阅读的故事书。

ChatGPT 答：
当然，我很乐意为您写一本适合 1—3 岁儿童阅读的故事书。

书名：《动物的音乐派对》

故事开始时，一群动物朋友聚在一起举办音乐派对。他们每个人都带着自己喜欢的乐器，包括小老鼠的小提琴，小兔子的小鼓，小猫咪的钢琴，小狗的小号，等等。

当音乐开始时，动物们跟着乐曲一起跳舞，享受着音乐和欢笑。但是，有一只动物却觉得自己不够好，因为他没有自己的乐器。这只动物是一只小青蛙，他非常喜欢音乐，但是没有自己的乐器让他感到有些难过。

但是，其他动物并不在意小青蛙是否有自己的乐器，他们邀请小青蛙加入他们的音乐派对，和他们一起唱歌、跳舞。小青蛙感到非常开心，他的身体也跟着音乐节奏一起舞动。

故事的结尾，小动物们一起结束了音乐派对，他们希望小青蛙能和他们一起参加下一次的音乐派对。小青蛙也很高兴地答应了，他觉得自己也是这个音乐团体的一分子。

这本故事书的目的是激发年幼的读者对音乐的兴趣，同时教导他们关爱他人和接受自己的重要性。故事中的动物们也可以让年幼的读者对动物产生兴趣和好奇心，以此激发他们的好奇心和想象力。此外，故事的节奏和流畅的语言也可以让年幼的读者更容易地理解和欣赏故事。

我不喜欢都是动物的故事书，所以我继续问下去。

我问：请写一本关于一个小女孩的故事书。

ChatGPT 答：

书名：《小莉的梦想之旅》

这是一个关于小女孩的故事。小莉是一个有梦想和爱幻想的女孩。她经常在自己的房间里幻想关于未来的事情，她梦想着成为一名宇航员，探索外太空。

一天，小莉得到了一个神奇的梦想机器。这个机器可以带她进入梦想的世界，体验她所想象的一切。小莉兴奋地开启了她的梦想之旅。

她先来到了一个美丽的星球，这里有着绿色的草地和五颜六色的花朵。她在这里遇到了一群友善的外星人，他们向小莉展示了他们的星球和生活方式。

接下来，小莉来到了一个神秘的星球。这里有一个古老的城堡，里面住着一位魔法师。小莉跟着魔法师学习魔法，她学会了如何让物体飞起来、变大变小等魔法。

最后，小莉来到了一个充满冒险和挑战的星球。这里有着陡峭的山峰和深不可测的峡谷。小莉要跨越这些障碍，才能到达她的目的地——外太空。

　　小莉成功地完成了她的梦想之旅，回到了现实世界。她意识到，即使她现在还不能成为宇航员，但是她可以继续学习和探索，实现她的梦想。

　　这本童书的目的是启发年幼的读者勇敢地探索，并鼓励他们追求自己的梦想。故事中小莉的经历也可以让年幼的读者学习到一些关于星球、魔法和宇宙的知识。

实战 2：问不到满意的答案时，怎么做？

　　问到这里，我就知道直接问 ChatGPT 不能让我满意，因此我决定给 ChatGPT 更多的条件，让它满足我心中的想象。

　　但我的想象是什么呢？

　　1. 这小女孩不太开心，经过这个故事找回了笑容。
　　2. 希望遇到一位 AI 助手机器人。
　　3. 寻宝冒险。
　　4. 女孩穿着绿衣，戴着绿帽，背着背包。

　　明确了我的要求之后，继续问下去。

我问： 写一个关于一个不开心的小女孩莉莉去寻宝的故事。她穿着绿衣，戴着绿帽，背着背包与藏宝图，期间会遇见好朋友 AI 机器人路克。最后他们一起找到了宝藏，莉莉终于开心地笑起来。

ChatGPT 答：

莉莉心情沮丧，她感到无助和孤独。她总是独自一人，在家中度过漫长的日子。她一直在寻找能让她快乐的事情，但是无论怎么做，她都快乐不起来。

有一天，当莉莉在树林里漫步时，她发现了一张藏宝图。她开始跟着地图上的指示前进，穿着绿衣、戴着绿帽、背着背包的她踏上了寻宝之旅。

她走着走着，突然听到了一个声音。"嗨！我是路克，一个AI机器人。你需要帮助吗？"

莉莉转头一看，发现了一个金属机器人正向她走来。她吃惊地看着他，但她也知道，如果有人可以帮助她找到宝藏，那就是路克了。

路克为她提供了重要的提示，并利用自己的技能帮助她解决所有问题。他们在整个旅途中成为了好朋友。莉莉发现自己并不孤单。

当他们到达宝藏所在的地方时，莉莉高兴地喊道："我们找到它了！"

莉莉打开箱子，看到一堆美丽的宝石和金子。她开始微笑，这是她在很长一段时间内第一次感到开心。

为了庆祝这个特殊的时刻，路克用他的机械臂给了莉莉一个拥抱，让她知道她并不孤单，他永远会在她身旁。

看起来不错，我决定将上述故事作为本次的绘本影片。

实战3：故事有了以后，接下来呢？

有了故事后，接下来就是素材了。这里的素材，就是一张张的绘本图片，要怎么产出呢？你可能会说"当然是使用 AI 绘图软件来生成图片"，那么问题来了，请问怎么画呢？你会说打开 Midjourney AI 来绘制，那请问要怎么下"咒语"呢？

所以首先还是打开 ChatGPT，开始询问。

我问：我想让你扮演 Midjourney AI 绘图的提示词生成器。

ChatGPT 答：

好的，我可以扮演 Midjourney AI 绘图的提示词生成器。请问有什么需要帮助的吗？

我问：给我一个数字化的小女孩，穿着绿色衣服，戴着绿帽，背一个背包，准备去寻宝。

ChatGPT 答：

好的，以下是一些可能的提示词：

1. 探险启程！这位小女孩正准备前往神秘的宝藏地点。
2. 穿着绿色衣服的探险家！她背着一个背包，里面装满了必要的工具和物资。
3. 她准备好要开启一场寻宝之旅了！这位小女孩身穿绿色衣服，绿帽为她的形象增添了一抹俏皮的色彩。
4. 穿梭在神秘的森林里，这位小女孩穿着绿色衣服，背上背着一个背包，正寻找着宝藏的线索。

5. 探索未知的领域！这位小女孩准备好要踏上寻宝之旅了，穿着绿色衣服，戴着绿帽子，她的目标是找到那个传说中的神秘宝藏。

我问：第 4 个提示词请给我英文。

ChatGPT 答：

Certainly! Here's a possible prompt in English:

"Wandering through a mysterious forest, this little girl dressed in green with a backpack on her back is searching for clues to the treasure."

接着打开 Midjourney AI，准备绘制女主角。你可以输入任何自己想要的指令，如图6-2-1所示。

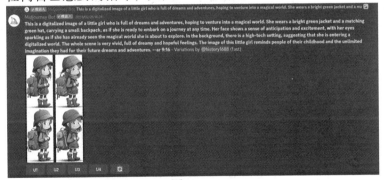

图6-2-1

图片通常会被刷新，容易找不到图，可使用以下方法：鼠标靠近对话框的右上角，会有加入反应的选项，并点击它。如图6-2-2所示。

六、AI 工具综合运用篇

图6-2-2

搜索envelope，按下信封符号。如图6-2-3所示。

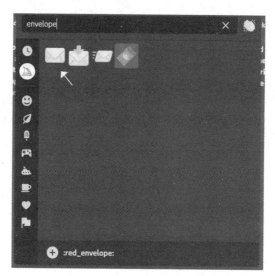

图6-2-3

接着这 4 张图片就会存入你的私人信息，这样就不用担心因为被刷新而找不到图。如图6-2-4所示。

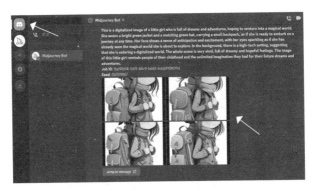

图6-2-4

接着点击这 4 张图片，选择一张作为我们的女主角，选好后，按下鼠标右键，复制图片位置，如图6-2-5所示。然后Midjourney AI 将以这张图为基础产出之后的图。

图6-2-5

我要生成一张在女主角形象的基础上，与机器人一起寻找宝藏的图片。

如图6-2-6所示，提示词如下：https://s.mj.run/sYEkvEiTHNQ The girl and the AI robot find the treasure--ar 16:9

图6-2-6

依照同样做法，生成了如图6-2-7所示的绘本图片。

提示词如下：https://s.mj.run/1gghnhqkqmY happy--ar 9:16

图6-2-7

如图6-2-8所示，生成一组莉莉在家孤单沮丧的图，提示词如下：https://s.mj.run/enSuHvAjOQc, at home, sad--ar 3:2

图6-2-8

如图6-2-9所示，生成一组莉莉在森林找到藏宝图的图片，提示词如下：https://s.mj.run/enSuHvAjOQc, in the woods, treasure map——ar 9：16

图6-2-9

如图6-2-10所示，生成一组莉莉拥抱 AI 机器人的图片，提示词如下：https://s.mj.run/enSuHvAjOQc girl hugging robot--ar 16：9

图6-2-10

继续生成莉莉找到宝藏的图片，提示词如下：https://s.mj.run/enSuHvAjOQc ind treasure, gems and gold, green clothes, backpack

图6-2-11

实战4：故事与素材都有了以后，接下来呢？

既然是影片，我们就必须让照片动起来，如果是在以前就必须要学会特效制作软件，这真的需要下一番功夫研究；但现在有很多网站，只要汇入照片即可生成动态图，让照片"活"起来。例如我要介绍的这个 Leiapix 网站。

网址：https://convert.leiapix.com

Step1：注册会员，然后按下 Upload。如图6-2-12所示。

图6-2-12

Step2：确认是否需修改动画速度，完成后按下 Share。如图6-2-13所示。

图6-2-13

Step3：将其储存为 MP4 格式至计算机里。如图6-2-14所示。

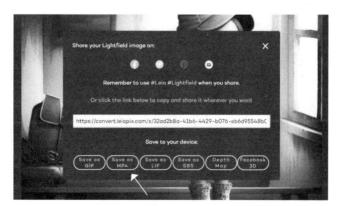

图6-2-14

接下来将所有图片素材，利用 Leiapix 转换为动态效果，然后就准备将图片串联起来。

实战 5：接下来如何串联影片？

有了故事与影片素材，接下来要做什么呢？还记得你的目标是制作一部绘本影片吗？既然是影片，就应该要用剪辑软件，还需确定声音是人工配音还是 AI 生成。

如果你要自己配音，可以用先前提过的剪映软件里的录音功能；但是如果要用文字生成语音，那可以考虑使用 Clipchamp。这套软件基本上是免费的，赋予它文字就可以让它自动帮你配音。

Clipchamp 在线影片编辑器
网址：https://app.clipchamp.com/

Step1：注册会员，然后按下创建新视频。如图6-2-15所示。

图6-2-15

Step2：按下录像和创建。如图6-2-16所示。

图6-2-16

Step3：按下文字转语音。如图6-2-17所示。

图6-2-17

Step4：将故事文字复制到文字转语音栏位，语言可以自由
选择，例如我们选择台湾普通话，粘贴上内文，按下保存到
媒体。如图6-2-18所示。

图6-2-18

Step 5：将声音拖拽至影片轨道。如图6-2-19所示。

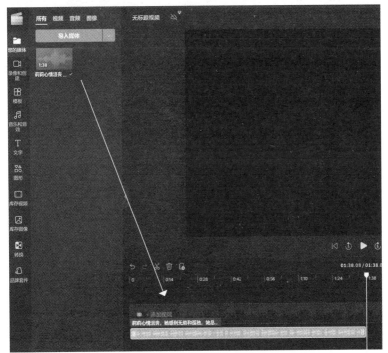

图6-2-19

Step 6：将 Leiapix 生成的动态影片导入。如图6-2-20所示。

图6-2-20

轻松上手 AIGC：如何更好地向 ChatGPT 提问

Step 7：将影片素材拖拽至轨道。如图6-2-21所示。

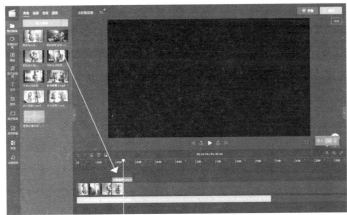

图6-2-21

Step 8：将所有影片素材拖拽至轨道后与声音结合，完成后按下导出即可完成一部精致的绘本影片。如图6-2-22所示。

图6-2-22

有没有发现，每一个 AI 工具都有其独到之处，但又好像有所不足。如果整合多个 AI 工具配合使用，将会发挥很大的功效。试想，能整合利用多个 AI 工具的复合型人才，是否就是将来不易被取代的那一类人呢？AI 取代某部分工作是必然的趋势，所以要有危机感，找对方向，未来的道路才会宽广。

轻松上手 AIGC：如何更好地向 ChatGPT 提问

ChatGPT 提示词大全

　　想要ChatGPT能够更好地给出你想要的答案，那就要有精准的提示词，我在这里准备了一些提示词，方便读者使用。

学业篇

1. 简报开头提示词

　　请你扮演一个**角色（如大学生）**。简报主题为（**主题**），请提供几种（**填入数字**）开头的想法。开头的风格（**如幽默风趣**）。

　　举例：请你扮演一位大学生。简报主题为《乔布斯传》，请提供 5 种开头的说法。开头的风格需要幽默风趣。

2. 简报总结

写出一篇有关（填入主题）的多少字（填入数字）的研究报告，报告中须引述最新的研究，并引用专家观点。

3. 研究报告

请你扮演一位角色（如财经专家）。请分析以下内容，提出结论，并指出进一步研究的方向：粘贴上内容。

4. 总结段落

将以下内容总结为几个（填入数字）要点：粘贴上内容。

5. 提出反向观点

请你扮演一个（专业领域）的专家，针对以下内容：粘贴上内容，提出几个（填入数字）反向观点，每个论点都要说明。

6. 关键字产生报告大纲（主题）

请你扮演一个（专业领域）的专家，针对以下关键字生成报告大纲（主题）：关键字 1、关键字 2、关键字 3……

7. 知识的询问

请详细教学（填入某个想了解的问题）。

8. 临时老师

请你扮演（某个科目）的老师，我需要理解不懂的问题。请用（怎样的）方式描述。

9. 教学与测验

请教我（填入问题），最后给我一个测验题。

10. 英文练习

请解释（填入英文单词），并且给我几个（填入具体数字）常用句子。

11. 英语对话

Can we have a conversation about……（填入话题）？

职场篇

1. 深度教学

请你扮演一个（填入专业知识）的专家，你要教我深度的（填入具体知识）。

2. 撰写销售电子邮件

请为（填入产品描述）和（填入号召性用语）写一封销售电子邮件。

3. 撰写社交媒体贴文

请为以下关键字生成 1 行社交媒体广告标题：**关键字1、关键字 2、关键字 3**……

4. 关键字报告

请你扮演一个（**填上专业领域**）的专家，针对以下关键字生成一份报告大纲（主题）：**关键字 1、关键字 2、关键字 3**……

5. 回复电子邮件

请你扮演一名（**填入职业**），帮我回复这封电子邮件。电子邮件：**附上内容**。

6. 撰写百度广告说明

生成针对以下产品进行 SEO 优化的百度广告描述（**描述产品**）。

7. 撰写程序

你现在是一个（**程序语言**）专家，请帮我用（**程序语言**）写一个函式，它需要做到（**某个功能**）。

8. 程序码的解读

你现在是一个（**程序语言**）专家，请告诉我以下的程序码在做什么：**附上程序码**。

生活篇

1. 解决各种问题

请你现在扮演一名（**填入角色**），对我提出的问题提供建议。问题如下：**附上问题**。

2. 旅游建议

请你现在扮演一名导游，给我附近的旅游建议。我的位置如下：**附上位置**。

3. 食谱建议 1

我现在有的食材包含：**食材 1**、**食材 2**、**食材 3**……请给我提供一个食谱。

4. 食谱建议 2

我要几人（**填入具体数字**）份的**食谱**，并且给我这份食谱的购买清单与制作步骤。

5. 旅行计划

给我一个（**填入具体数字**）天的（**填入具体地点**）旅游计划。

6. 给予反馈

我针对（**填入具体问题**）的回答，有哪些可以改进的地方？

7. 写故事

请扮演一位很会写故事的作家，写出一篇有关（**故事想法**），拥有某种（**填入具体风格**）风格的故事。

ChatGPT 常见错误原因及解决方法

回答不完整

如果你遇到 ChatGPT 的回答突然中断，或只回答了一半，这是因为 ChatGPT 的长文截断机制，可以使用继续或 continue 指令继续输出。

请求过多

Too many requests. Please slow down.

这个提示就是请求过多，过一会儿重试也是没有效果的，你只能点击左上角的 "Reset Thread"。

常见错误

An error occurred.If this issue persists please contact us through our help center at help.openai.com.

发生错误。可以点击重试"Try again"按钮，如果此问题仍然存在，请通过帮助中心 help.openai.com 与官方联系。

拒绝回答

This content may violate our content policy. If you believe this to be in error, please submit your feedback — your input will aid our research in this area.

不要试图去问一些不合适的问题，由于越来越多人使用，ChatGPT 的限制也会越来越多。

模型过载或引擎不存在

An error occurred. Either the engine you requested does not exist or there was another issue processing your request. If this issue persists please contact us through our help center at help. openai.com.

That model is currently overloaded with other requests. You can retry your request, or contact us through our help center at help. openai.com if the error persists. (Please include the request ID xxxxx in your message.)

刷新浏览器重试，注意要先复制提问的内容，稍后再次提问，或者重开一个聊天框，遇到这种情况只能多试几次。

请求太多

Too many requests in 1 hour. Try again later.

请求太多，服务器拒绝回答了，只能等待或重试。

出现错误怎么办

使用 ChatGPT 遇到错误，最简单的办法当然是重启网页，这方法可以解决大部分的错误。

终极解决方案

免费的服务毕竟不会长久，你可以选择订阅 ChatGPT Plus，付了钱问题就会少很多。